TAET

捷安特
攻克全球市場的關鍵

羅祥安——著

謹將此書獻給半世紀來和我一起奮鬥的
巨大捷安特夥伴們，
以及在他們身後長期支持鼓勵他們的家人。

Chapter 1
無限延伸你的視野：巨大捷安特的故事

同業忙著接單出貨時，巨大卻仍在測試產品的品質和性能，當時被業界戲稱為「自行車研究所」。

Chapter 2
上下之間：沒有正確共識和相處之道的問題

老闆很痛苦，對員工有許多不滿和期許；然而，員工也有許多無奈和苦水要吐！

Chapter 3
全球在地化的學習：捷安特的遠距經營之道

總部不應高高在上，而是應該把顧客放在最上面，各分公司在其下提供服務，總部則在最下方提供必要的支援，幫助分公司完成各自的任務和使命。

Chapter 4
TAET雙三角法則：充分賦權＋主動當責

大家都知道團隊分工合作的重要性，卻往往忽略，「團隊角色扮演」才是良好團隊合作的成敗關鍵。

Chapter 5
組織的共識和默契：以「捷安特之道」為例

參與的各方必須有共識和默契，如果大家的觀念不同，各行其是，再好的工具也無法發揮應有的效果。

Chapter 6
打造服務型結構組織：以威信服人的僕人領導

用這種「服務型」結構的組織表，我們就不會為組織內部的管理而管理，而能夠全員聚焦於如何徹底為顧客著想。

Chapter 7
自己的人才自己訓練：捷安特的人才樹

樹苗種在盆子裡，只能長成盆栽；希望它長成大樹，就必須提供夠大的空間。真正想愛護好的接班人才，就要盡早給他們更多磨練和揮灑的空間。

Chapter 8
以全世界為舞臺：臺灣人才的自處之道

只看臺灣，你當然只是小地方的人才之一；只著眼兩岸，你要面對
數以億計的對手；如果以全世界為舞臺，沒有人比你厲害！

Chapter 9
兩岸之間的黃金正三角

兩岸之間看似問題層出不窮，其實大多屬於戰鬥層面，只有很小部
分是戰術層面；而真正令人遺憾的是，兩岸都忘記了「戰略」考量
的重要性。

一流的 CEO，真摯的好朋友　　江宜樺

在電話上答應羅祥安先生（Tony）為他的新書寫序時，我完全沒有想到這會是如此慷慨分享、真情告白的一本書。

我跟 Tony 是在 2014 年認識的。當時巨大公司的劉金標董事長（標哥）以八十高齡決定二度單車環島，我陪騎了花蓮一段路，便跟巨大執行長 Tony 認識了。Tony 邀請我下次跟他完整環島，我也慨然許諾。但當時行政院公務繁忙，根本不可能抽出九天來環島，因此一直等到卸任之後恢復教書工作，才在 2017 年 10 月組成長風基金會的單車團，跟 Tony 及他的夫人吳春蘭女士（Mimi）組成的捷安特追風騎士團，一起完成了九天單車環島的壯舉。我非常感謝 Tony 的邀請及鼓勵，讓我圓了年輕時代的夢想；更感謝他在環島時教我的「最後絕招」，讓我能夠咬牙騎上南橫壽卡，沒有任何一步是牽車走過。2020 年我們又組成家庭團，一起騎上武嶺，飽覽合歡群峰之美。而兩度單車出征，日夜相處，不僅讓我見識到捷安特的技術及服務品質，更讓我跟 Tony 培養出單車騎士的革命感情。

巨大公司能從一間只有三十八人的自行車代工廠，發展成

世界三大品牌之一的跨國公司，絕對是臺灣傳統製造業最了不起的奇蹟，而 Tony 更是「捷安特」成為世界知名品牌的重要推手。許多人都跟我一樣好奇，想知道：巨大究竟是如何創造了「捷安特」這個品牌，讓臺灣設計製造的自行車能打進全球市場？而單車環島、前進武嶺、微笑單車 YouBike 等，又是如何風行全臺，變成臺灣人美好生活想像的一部分？我在跟 Tony 單車環島時，就經常利用休息時間問他這些問題，而 Tony 也都樂於娓娓道來。只是騎車休息時間有限，因此聽到的答案有點支離破碎；直到這次新書出版，我的好奇心終於得到徹底的滿足。

在這本書裡，Tony 分享了捷安特成功征服全球市場的故事。他不僅細數他跟標哥如何認識、如何爭取到為 Schwinn 品牌代工的機會、如何決定推出自有品牌「捷安特」、如何進軍歐美及中國大陸市場、如何開發女性專屬的 Liv 品牌，以及如何在事業高峰與標哥一起宣布交棒；更重要的是，他毫無保留地詳述捷安特「全球在地化」理念是如何形成的，以及「TAET 雙三角形」的分工及授權負責原則該如何具體落實。他提醒我們一間公司該如何處理老闆與員工之間的關係，也告訴我們一個領導者應該如何制定策略、經營管理、培養人才，以開創自己獨特的經營模式——「不做第一，要做唯一」（One & Only）！每一個真正想要知道企業如何經

營、管理、茁壯的人，都可以從 Tony 詳盡的心得分享獲得無價的啓發。

令人敬佩的是，Tony 不只將他的「正三角形理論」（戰略、戰術、戰鬥）用在企業的經營管理上，甚至也應用在中華民國的國家發展策略，以及兩岸關係的敏感問題上。他認爲臺灣雖然面積不大、人口及天然資源有限，但是臺灣「小」而「美」、動作「快」而人民「樂」，其實極具競爭優勢。只要我們謙卑不自卑、自信不自大，絕對可以爲全世界做出長期重大的貢獻，而且這也是爲什麼「捷安特」站上世界舞臺之後，仍然決定將總部永遠留在臺灣的原因。

在兩岸關係上，Tony 認爲兩岸人民歷經「勢不兩立」的敵對階段、「分別埋頭苦幹」的階段，以及「兄弟聯手賺天下錢」的階段，現在走到了一個「互不體諒，相敬如冰」的階段。眼前看起來問題層出不窮，但其實都屬於「戰鬥」層面的問題，真正值得兩岸領導人好好思考的，是如何激盪出一個以創造世界和平爲格局的「戰略」。Tony 認爲大家都是中華民族的子孫，應該以振興中華民族及中華文化爲戰略制高點，秉持「兄弟爬山，各自努力」的精神，輔以「兄弟聯手，分工合作」的戰術，以及「大事小以仁，小事大以智」的戰術，則自然能夠兩岸一家親，貢獻全人類。這種由上而下的全盤思考，跟 Tony 建議給企業家的經營策略一

樣，都是「黃金正三角形」的模式。

閱讀本書就像跟 Tony 邊騎車邊聊天一樣，是充滿驚喜的愉快經驗。記得我們從東澳出發、北進武嶺時，有一次就在公路邊的草地上擺開簡易的野餐桌椅，開心地吃甜點、喝咖啡，眺望蔚藍的太平洋，讚賞東北角海岸之美。騎車出遊應當如此，思考經營企業之道也當如此。認真、從容、俯瞰全局、腳踏實地，這是我從 Tony 身上學到的智慧，相信讀者也可以從閱讀本書獲得自己寶貴的心得。

（本文作者為長風文教基金會董事長、國立中正大學紫荊講座教授）

向標竿學習，立足臺灣，放眼世界 　徐重仁

　　2016 年底，羅祥安先生和劉金標先生共同自巨大集團退休；過沒幾個月，重仁塾就請羅祥安來開講，聊「決策與溝通」。他暢談巨大捷安特一路以來，從三十八人的小工廠躍升為臺灣少數具國際知名度品牌的幾項關鍵決策，慷慨分享背後的關鍵思維，毫無保留，就像他在《TAET：捷安特攻克全球市場的關鍵》這本書裡的無私分享一樣。

　　在書中，讀者可以看到巨大如何因為長期合作的代工客戶選擇與別人合資去中國設廠，而「化悲憤為力量」，決定以全世界為舞臺推出自有品牌，並且做到讓其他國家的消費者以為「GIANT 捷安特」是他們自己國家的——以一個來自臺灣的品牌來說，這真的是很不容易的成就。

　　更難能可貴的是，提到捷安特的成功，以往大家都是從外面看，看它從代工走向自有品牌的傳奇故事，以及領導者融合全球經營智慧和臺灣企業特有精神的獨門經營思維。現在這本書由羅祥安先生親自執筆，等於首度由內部「揭密」，揭開它以品牌攻克全球市場的祕密武器：TAET 雙三角法則。

　　透過羅祥安先生一一舉例說明，讀者不但可以一窺捷安特

「全球在地化」的遠距經營之道，更可以了解他們的祕密武器「TAET」如何運用在決策與溝通上，透過充分賦權與主動當責，養成個人與團隊的膽識。我想，或許就是因為有這項祕密武器，捷安特早已培養出許多有膽識的人才，羅祥安先生才能與巨大集團前董事長劉金標先生一起退休，放心傳承。

我經常思考要如何在這艱困的年代更快速地幫助臺灣的年輕人，我想，首要就是向成功的標竿學習，這也是我創立重仁塾的初衷，希望提供現在的年輕世代更多不同的思維與觀點，鼓勵年輕人向企業或人生的典範取經。羅祥安先生在這本書裡的經驗分享，有助於打開年輕人的思考視野，我相信對培育臺灣未來人才絕對有很大的幫助。

（本文作者為重仁塾創辦人）

值得學習的典範

許士軍

　　羅祥安先生，在我的印象中，可說是巨大公司永遠的執行長，也是和公司創辦人劉金標先生共同打造捷安特成為目前世界性品牌的靈魂人物。目前羅祥安已卸下執行長這一職務，由他回顧四十年來帶領公司由代工到建立自主品牌的過程，其間波濤洶湧，歷程艱辛，無論在經營模式上的巧思，或是在塑造合作無間的團隊文化上的用心，都令人無限感佩，也是值得學習的典範。

　　個人自1990年開始，即曾多年參與臺灣「精品標誌」（Symbol of Excellence）計畫。這些年來，在這計畫下推出的臺灣品牌，至今仍能在國際市場上熠熠生輝的並不很多，而捷安特即是其中最為成功的一個。現在羅祥安先生願意將他的珍貴經驗分享給社會大眾和業界有心者，個人有幸拜讀，特感親切，並願對本書加以推薦。

（本文作者為臺灣大學管理學院創院院長）

捷安特攻克全球市場的獨門武器

2020 年可怕的新冠肺炎在臺灣雖然沒有大量病例，但它已給全世界帶來重大而深遠的影響和變化。

疫情發生後，國與國、人與人之間的關係，都從**健康**和**安全**的角度被重新定義。電子商務、少接觸的服務、線上學習等將帶來新的生活方式，而減少面洽、居家辦公、遠距管理和新科技的運用，將大大改變人們工作的方式和習慣；國外旅遊的減少，將使大家重新發現自己久居的母國是如此美麗；此外，供應鏈在追求 **Just in Time**（及時生產）的同時，還必須兼顧 **Just in Case**（預防萬一）。這些都是今後我們必須面對的新常態。

過去數十年全球化的浪潮，造就了全世界國際分工和商貿的繁榮局面；亞洲，尤其是中國，成為全球的工廠和新興的市場。但現在的輿論普遍認為全球化似乎已經來到了終點，甚至將開始**逆全球化**。

不過我不以為然，我認為手機資訊的普及、科技的進步和全球生活型態漸趨同質化的結果，今後全球化的發展非但不會中止，而且還會更快，不過將以一個全新的型態出現，那

就是「**全球在地化**」。這個新趨勢,將給全世界帶來重大的改變和全新的挑戰!

臺灣的企業向來以**製造**和**供應鏈**管理見長,移往大陸,因爲是同文同種,而且只是把相對標準化的作業規模放大而已,所以比較容易克服和適應。但在未來全球在地化的時代,不僅要有克服時空背景和語言文化差異而能在全球在地經營的能力,另一方面,臺灣也到了非向價值鏈上方提升來賺**技術創新**和**品牌行銷**的錢不可的時代了。這是絕好的機會,但更是非常困難的挑戰。這關過得去,臺灣海闊天空;若過不去,未來將寸步難行。

臺灣的自有品牌不多,能全球經營的更少,臺灣企業國際化的路向來走得很辛苦。

有一家知名的電子業品牌,曾勇敢地和外國的公司合併,希望能脫胎換骨,以躋身先進國家之林,結果事與願違。後來高薪敦聘外國的執行長來主持,希望遠來的和尚會念經,前幾年業績雖大幅成長,後來仍不幸以失敗收場。

最近又有一家曾經成功以自有品牌攻占全球網通市場相當分額的公司,因爲幾年前創辦人過世之後群龍無首,甚至形成總部指揮不動海外分公司,而全面崩潰的慘痛局面,更令人不勝唏噓!

巨大捷安特 1981 年在臺灣推出自有品牌,並從 1986 年開

始全球在地化的耕耘，經過數十年的努力，有幸成為**自行車世界三大名牌之一**，並在亞洲及歐美先進國家扎下穩健的根基。

2016 年底，創辦人劉金標先生和我，決定同時從董事長和執行長的位置退休，在業界造成不小的震撼。但是這幾年，在新任的杜綉珍董事長和劉湧昌執行長的帶領下，巨大捷安特不但安全度過中美貿易戰及新冠肺炎的考驗，更逆勢成長、更加茁壯。這證明了當時我們共同退休是正確的決定，也深信公司將能繼續向百年傳世企業的未來邁進。

本來，「全球在地化」的經營只是我們的基本信念和戰略，今日的一些成果也是我們吃盡苦頭、篳路藍縷，在錯誤中摸索出來的經驗累積而已，並不足為外人道。

但沒想到，全球在地化竟然變成今後的重要新趨勢。疫情過後，不少人開始對捷安特能在**全球遠距經營管理之道**感到興趣，常來詢問，出版界的朋友也三番兩次敦促，希望我能把過去的經驗及自創的獨門武器「**TAET 雙三角形**」拿出來分享。

捷安特身為臺灣企業的一分子，受恩於臺灣，當然有義務略盡綿力以為回報。所以思考再三，決定寫這本書，把我們學習、實踐過的一些經驗和想法說出來，就教於企業界及社會大眾。

若是本書對臺灣的企業人，或是決定踏上全球在地化征途的有志之士能產生些許參考價值，我會非常高興和由衷地感謝！

Chapter 1
無限延伸你的視野
巨大捷安特的故事

同業忙著接單出貨時，巨大卻仍在測試產品的品質和性能，
當時被業界戲稱為「自行車研究所」。

　　當你看到我們在中部科學園區宏偉的新全球總部大樓，並
且知道我們是一家年營業額超過新臺幣 650 億、全球員工超
過一萬人的上市公司時，你可能會直覺地認為，巨大捷安特
之所以能夠成功地做全球在地化的經營，乃是因為我們有夠
大的規模、人才濟濟又有充分的資源所致。

　　抱歉，你錯了！

🔗 美國自行車榮景的起落

　　美國的自行車和機車業，都是在一百四十年前，從歐洲移
轉過去的，著名品牌 Schwinn 和 Huffman 都源自德國，產品

都以堅固耐用著稱。美國的汽車及公路網普及之後，自行車和機車的交通功能完全被取代，自行車則轉變為還不能開車的青少年休閒娛樂最好的玩伴。輪徑 26 吋、裝著粗大氣球胎、五段變速的青少年車「Balloon Bike」，和裝著香蕉形狀椅墊、輪徑 20 吋的高把手童車「High Riser」，是市場的主流。

到了一九六〇年代末期，美國醫學界發表了運動對人體健康的重要性的宣言，從此掀起了全美國成年人運動健身的狂熱。

Schwinn 公司的工程師法蘭克・布里蘭多（Frank Brilando）是義大利移民，原本是公路跑車的賽車手，以他對公路跑車的技術智識，針對美國大眾消費者開發了一款改良式公路跑車，叫作「Varsity」。他用外徑比傳統公路跑車 700C 略大的 27 吋車輪，配上較寬、較舒適的 1¼ 吋跑車胎，裝上前後十段變速機，加上前後輕型的輪夾式煞車，輕量的車體、高速的性能、出色的外觀，立刻擄獲許多消費者的心。

1971 年，美國最暢銷的《花花公子》雜誌以兔女郎牽著一輛亮黃色的 Varsity 作為封面，就此將全美國的「十段變速自行車榮景」推到最高潮！

美國工廠供不應求，紛紛從歐洲、日本進口自行車，但因為是全新的流行性產品，歐、日的傳統自行車業者對品質

和產能投資較爲謹愼保守，只願供應有限的數量。於是，以
「物美價廉」「快速複製」起家的臺灣，就成爲美國進口商
的最佳選擇。

　　短短幾年內，臺灣新增了上百家自行車工廠或出口商，臺
北擠滿了長住在統一大飯店、天天催貨的美國進口商。臺灣
自行車銷美的數量和金額，年年暴增。

　　而在美國市場，自行車店和運動用品店不用說，連百貨
店、超商、五金行、輪胎行、汽車用品店，甚至加油站等毫
無自行車服務維修能力的外行通路，也都在賣臺灣進口的便
宜自行車。

　　當時我從臺大工管系畢業、在空軍儀隊服完兵役後，進入
由物資局投資成立、半官方的「中華貿易開發公司」，在雜
貨出口課任職。因爲課內有生意的項目都有人負責了，我這
個菜鳥就被分配到「其他」——換言之，沒人做的都歸我，
汽車、機車、工具、五金等應有盡有，自行車也列在其中。

　　當時經濟部一方面是注意到自行車出口的爆炸性成長，
另一方面是駐美辦事處收到數百件有關臺灣出口的自行車品
質不良的抱怨，甚至已經發生多起摔倒受傷的嚴重案件。
於是，經濟部要求工業局和國貿局聯合組成專案小組徹查此
事，我被指派代表公司和國貿局參加該小組。

　　工業局的技正吳家駒、金屬發展中心的兩位工程師朱集

成和江乃文，還有我共四人組成了「外銷自行車業調查小組」，開始著手調查。

我們先花了一個禮拜的時間，在金屬中心谷崇實主任的指導下，詳細研究了中央標準局有關自行車的國家標準，並和日本工業標準（JIS）核對比較。我們發現，標準局只有一些老舊的規範，**並沒有真正的自行車標準**，當然也沒有相關的檢測設備。JIS 好一些，但也只是日本實用輕快車的工業基礎標準而已，對美國新流行的十段變速車的標準是「零」。

接下來，我們花了將近一個月，根據國貿局有出口實績的公司名單，一一實地走訪。

走訪下來，我們四人大吃一驚，因為名單上半數以上的公司，都已經因為品質方面的申訴案件關門大吉；其餘的多為貿易型公司，只是蒐集零件來拼裝而已，沒有標準、沒有圖面、沒有品質檢驗的技術和設備，車架焊接不良、強度差，零件加工精度不佳，甚至連螺絲和螺帽的牙紋也不能密合，還有材料選擇、熱處理及電鍍的品質，照金屬中心的標準來看是完全不能接受的。

總而言之，自行車出口業者品質良莠不齊，但沒有一家是我們小組認可為合格的，連一家都沒有。

我們心情沉重地回到經濟部，做了以下的結案報告：

一、自行車出口業者工業水平低、產品品質差，部分業者已經關門，其餘的在一、兩年裡，大部分將無法生存。

二、美國對十速車的需求過熱，暴增也會暴跌，加上產品品質不良，將重傷消費者的信心和興趣。雖然長期來看，運動型自行車可能會有它該有的市場，但在未來數年，供過於求的問題一定非常嚴重。國貿局應向業界提出嚴正警告，並預做準備，妥善處理品質抱怨可能產生的國際糾紛。

三、工業局應主動著手，修訂建立現代化自行車的工業設計及品質檢測標準，並開發相關檢測設備，以導引協助自行車業未來的正規發展。

我回到公司，也向上級做了上述報告，並建議在能找到合格可靠的供應廠家之前，中華貿易不宜經手任何自行車相關業務。

幾個月後，美國許多自行車店貼出告示：「本店拒絕修理來自臺灣的自行車」，成為國際版的大新聞。

不久之後，美國的自行車榮景，也戛然而止了。

🔗 三十八人的小工廠

因為看到美國供不應求的自行車商機，巨大公司於 1972

年在臺中縣的大甲鎮成立了。初期的在職股東卓文川、邱燦坤、王深漢、何義明等都是創辦人劉金標（標哥）的朋友，員工都是樸實認真的當地人。由於資本額只有 400 萬，只好拜託劉金標的姊姊杜劉月嬌投資，擔任初期的董事長，因為她是彰化名醫杜江祥的醫生娘，才能取得銀行貸款，標哥則擔任總經理。

標哥之前經營過好多家不同產品的製造公司，是無師自通、技術智識廣博的優秀工程師，又懂得日文，和日本關係良好。成立巨大之後，他自己精心研究，認為所謂的「十段變速車」沒那麼簡單，應該大有學問。他透過日本友人介紹，去日本一家外銷美國的小廠實習了兩週，大開眼界，發現臺灣業者居然敢隨便拼裝就出貨，真是「青瞑不驚大槍」！（編按：眼盲看不見長槍，指不知道害怕的意思。）

所以他回來之後，夜以繼日認真鑽研。當同業忙著接單出貨時，巨大卻仍在做檢驗設備，測試產品的品質和性能，當時被業界戲稱為「自行車研究所」。

慢工出細活，品質最重要。他也不心急，反正供不應求，訂單滿天飛。

半年後，標哥終於完成了測試合格的車子，滿心歡喜，準備接單做生意了。他猛然抬頭，這才驚覺，美國自行車的榮景，已經到尾聲了。

有一天，公司高層告訴我，公司最重要的食品部門一家主要配合廠商的老闆，想介紹他一位做自行車的親友來跟公司洽談合作自行車外銷業務的可能性。我還來不及回應，他就接著說：「你的報告我看過了，知道你建議公司目前不宜做自行車相關業務。不過既然人家介紹來了，你就禮貌性地代表公司接待一下吧。」

那是我第一次跟當時四十歲的標哥見面。我們一見如故，無話不談。我向他一一說明我們小組的調查報告，以及對臺灣自行車業的失望和遺憾，他則拿出一大堆相片和圖面，以及品質檢驗設備和數據，熱情洋溢地向我詳細解說。我關心的所有問題，他都有獨到的見解和明確的判斷，使我非常佩服。

我最後問他一個問題：「為什麼巨大不在小組訪談的名單裡？」他也百思不解，明明公司已經成立一年多了。當我拿出名單再次查看為什麼會遺漏時，才注意到，名單上列的是「有出口實績」的公司，而巨大當時只有三十八名員工，**外銷實績連一輛車都還沒有**。

我們一談就談了好幾個小時。雖然我向他說明，公司政策上已經決定不從事自行車業務，而婉謝了他希望業務合作的要求，但臨別時，他還是很熱誠地希望我能再邀小組成員去巨大實地拜訪，看看他們用心研究的成果。

我向小組的幾位工程師匯報這件事，他們也很關心和好奇，於是我們就約了一天，坐火車去大甲。標哥開車接我們去巨大的小工廠，我們在那裡一整天，工程師們熱烈討論，不斷提出不同的想法，建議新方法並反覆試驗，大家都很用心、很興奮。晚上，在回程的火車上，大家都有這樣的看法：**總算有一家合格了。**

和標哥成為事業夥伴

之後，標哥和我變成好朋友。他告訴我巨大沒有懂英文的人才，問我可不可以利用放假時間，協助他們做產品企畫和編製行銷目錄，我義不容辭地答應了。

在那一段來往相處的過程裡，我和標哥愈來愈發現，我們的長處完全不同，卻相輔相成；更重要的是，我們有完全一致的理念和夢想。兩人都認為自行車是萬年工業，只要有人類存在，就一定有自行車；我們也相信**只要能有好品質的產品，以合理的價格來貢獻給全世界的人，是有意義且一定會成功的。**我們往往愈談愈興奮，不知不覺就到三更半夜了。

標哥誠摯地邀請我考慮參與巨大，兩人合作，一起努力創造未來。我頗為心動，因為我內心深處知道，我不喜歡只做貿易生意，而是想要創一番事業。但是，放棄半官方性質的最大貿易公司鐵飯碗，投向剛開創、前途未卜的小公司，也

是人生很大的冒險。

　　有一次，一如往常，我和標哥約好，我會利用某一個禮拜天坐火車去大甲。結果不巧，那個禮拜六來了一個超大的颱風，但第二天我還是冒著風雨守約坐車南下。上車前買了份報紙，剛好看到整版的專刊詳細報導日本本田汽車的故事，提到創業社長、追求技術的本田宗一郎，和負責營運行銷的副社長藤澤武夫兩人如何相識，並相約合作二十五年、把本田做成功之後，共同宣告退休。這樣的佳話，讓我深受感動。

　　到了大甲，標哥依約在車站接我，然後到巨大討論公事一整天。晚飯後，他送我去車站，我問他今天為什麼臉色很蒼白，是不是生病了？在我的追問下，他終於告訴我，除了巨大以外，他還有一個獨資經營了好多年的鰻魚養殖場，昨晚的大颱風把鰻魚場完全摧毀，他搶救了整晚依然回天乏術；換言之，他多年的心血和積蓄，全部毀於一旦。

　　我盯著他，聽他平靜從容地慢慢述說慘劇，心想這個人昨晚才失去一切，整晚沒睡，今天卻仍為了與人合夥的巨大公司的未來，認真地盡總經理的職分。這絕對是**可以一輩子信任和共同創業的好夥伴**。

　　外面仍有風雨，我們坐在他那輛二手車裡，真誠地交心。我把本田的報導給他看，兩人決定效法他們，**共同為巨大奮**

鬥二十五年，成功之後一起光榮退休！

共同做下承諾之後，我們緊緊擁抱，我及時趕上最後一班北上列車。

巨大捷安特的歷史，從此開啓了第一頁！（參見彩圖 01）

艱辛取得美國百年大廠的支持

巨大成立的頭幾年，美國的自行車榮景剛結束，市場上庫存一大堆，臺灣品質不良的形象又已深入人心，無論怎麼努力，也只能爭取到一些零星的小訂單。而在這個時期，一如預料，大部分的業者都關門大吉，只剩下巨大和幾家較重視品質的公司還在苦撐，不肯放棄。

我們集中火力，只做較重視品質和服務的自行車店專業市場的生意。幾年下來，漸漸爭取到幾家很不錯的美國地區性品牌進口商，他們從日本轉來的訂單每年大約有十萬輛，巨大終於可以穩定生產，勉強生存下來了。

美國專業市場的領頭羊，是擁有一千八百家品牌專門店的百年歷史名牌大廠 Schwinn，他們除了芝加哥工廠本身生產七十萬輛外，也從日本的前兩大自行車公司普利司通（Bridgestone）和松下（Panasonic）進口約三十萬輛車子。

我心想只有打進 Schwinn 的供應鏈，巨大才有成長茁壯的

可能，但完全沒有任何門路可進。那時，標哥和我每年都要去日本採購零件，在一次餐會的酒餘飯後，我就向那家重要零件供應商的老闆打探 Schwinn 的事，他拍著胸脯大聲說：「Schwinn 我很熟，你去找他們的執行副總裁艾爾‧弗里茲（Al Fritz），就說是我介紹你去的！」

我喜出望外，便專程去芝加哥，打電話到 Schwinn 直接找艾爾‧弗里茲。他的祕書接起來，我說我是日本某某人介紹，專程來拜訪的，祕書雖然搞不清楚，還是禮貌地將電話轉給艾爾。艾爾問道：「你說是日本誰介紹你來的？」我將名字告訴他，接下來便是一片靜默，顯然他對這名字不熟。

大事不妙，我趕緊搶著說：「我們是來自臺灣的巨大公司……」話沒說完，他就打斷我：「謝謝你來電，我們幾年前有去臺灣考察過，水準太差了，所以我們完全沒有向臺灣採購的打算，你不用費心了……」

我搶著打斷他的話：「我們是一家新公司，製程和檢驗設備是從日本引進的。我這次來拜訪的目的並不是來談生意，而是希望世界一流的 Schwinn 可以在技術及品質基準上給我們一些指正。我是專程坐了二十個小時飛機來的，無論如何，請容許我和您見上一面！」他猶豫了一下，說：「好吧！但先說好，**不談生意**，而且只見半個小時，因為我今天很忙。」

見了面以後，我信守承諾，不談生意，只摘要地向艾爾介紹工廠的製程和檢驗設備，他很和善地用心聽我說明。談到一半，他要我等一下，然後拿起電話打給他們的技術副總法蘭克·布里蘭多：「法蘭克，我這裡有個臺灣來的年輕人，說他們是一家新的自行車工廠，希望我們能給他一些指導。他給我看了一些滿有趣的相片，和我們幾年前去臺灣看的印象很不一樣，你要不要過來看一看？」

法蘭克過來看了之後很感興趣，問了許多問題，並熱心提供很多一針見血的專業指導。我們聊得很開心，最後，他居然問我：「你想參觀我們的工廠嗎？」我當然求之不得。於是，法蘭克便安排他底下一位年輕的工程師佛瑞德·提曼（Fred Teeman）引導我參觀工廠，我受益良多。

臨走道別時，我謝謝艾爾和法蘭克給了我兩個小時的時間和寶貴的指導，並承諾回去一定會依照他們的建議改進。我對他們說：「我這次不談業務，但請你們答應，下次萬一有機會去臺灣，務必要到我們工廠來現場指導。」

他們說：「沒問題！」

一年半後，日幣大幅升值，產品價格飛漲，Schwinn 開始考慮向臺灣採購。艾爾通知我，他們會來臺灣訪談三家廠商，第一家是中日合作的公司，第二家是臺灣知名財團的子公司，這兩家的規模都比我們大很多，巨大則是他們訪談的

最後一家。

那一天，艾爾帶著法蘭克和他們的採購副總山姆·梅夏（Sam Mesha），一行三人來到巨大參觀工廠製程和檢驗設備。法蘭克仔細地問了很多問題，也很滿意上次他在芝加哥提供的建議，我們都採用，且改良好了。

正式會談到了某個時間點，他們請標哥和我離開會議室，讓他們三個人關起門來，自己進行這次臺灣行的總檢討會議。

標哥和我在外守候，心中忐忑不安；一小時後，他們請我們進去。艾爾說：「三家裡面，你們的規模最小，但我們覺得你們的技術實力較強，而且願意虛心受教改進。原則上，我們認為巨大應該可以被考慮作為我們的供應夥伴，不過，一切仍取決於我要問的下一個問題。」我連忙豎起耳朵來聽。

他問道：「我們發現工廠內外都非常乾淨，請問是平常就這樣，還是因為我們要來才特別打掃的？」

我不假思索地回答：「是因為你們來而特別打掃的，不過我們也希望以後都保持這樣。」

艾爾向我眨了一下眼睛（他的招牌動作），說道：「恭喜！你們過關了。你們是誠實的人。對 Schwinn 來說，**規模不是問題，技術我們可以指導，我們最後選擇巨大，是因為我們**

認為劉金標先生和你是誠實可靠的人，因此巨大是值得信任的長期夥伴。」這是我人生非常寶貴的一課。

患難見真情

1977 年，Schwinn 開始向巨大買車。第一年先用他們的副牌「World」試買了兩萬五千輛，銷得很成功；第二年納入 Schwinn 正牌的「Sprint」型號，成長為一年十萬輛的暢銷入門車。至於 Schwinn 的高級車種「Traveler」，則繼續向日本採購。

1979 年秋天，艾爾他們循例來亞洲拜訪供應商，決定下個年度的產銷計畫。這次他們先來臺灣，再去日本。在臺灣時一切順利，會後送他們搭機去日本；不料隔天晚上，艾爾突然打電話給我，說他們次日將搭機再回臺灣。我們丈二金剛摸不著頭腦。

第二天接到他們才知道，因為日圓大幅升值，日本那兩家公司外銷歐洲和美洲的自有品牌跑車業務幾乎歸零，而日本國內又完全沒有跑車市場；換言之，他們變速跑車的生產，只是單純為 Schwinn 而已，食之無味，棄之可惜，不但沒有經濟價值，更造成沉重的負擔。所以，兩家公司不約而同在剛開完不久的董事會中做出重大策略改變的決議：全面放棄外銷業務，專注經營日本國內市場。

突如其來的變動，對 Schwinn 來說有如晴天霹靂，所以他們立刻趕回臺灣，看巨大能否在最短時間內，承接「Traveler」所有的訂單。

　我們立刻成立緊急專案，與法蘭克的產品團隊同步密切配合，在五個月後就順利生產供貨了。

　因為這個突如其來的變化，Schwinn 每年向巨大購買超過三十萬輛車子，而巨大也幸運地成長為年產四十萬輛自行車的大廠。

　1980 年秋天，我們和 Schwinn 的業務一切順利，公司也終於有了合理的獲利。我懷著愉快的心情去義大利參加米蘭國際自行車展，細細欣賞義大利精緻手工車的高超工藝。

　車展結束的前一天，忽然接到 Schwinn 高層的緊急電話，要我在米蘭多留幾天，他們一組高層人士已經出發，要到米蘭和我會合。我問能否先讓我知道是什麼事，他們說一切要等到見面才能談。

　原來那段時期，正是美國罷工風潮最盛的時候。Schwinn 是百年家族企業，一向待員工如家人，從來沒想過有一天會有罷工的風險。但那時勢力最大的汽車工人工會，仗著幾次汽車廠罷工成功的大好形勢，開始鼓動各行各業的工會與他們串聯，並由他們指導進行罷工。不幸的是，美國指標性的名牌老廠 Schwinn 被鎖定為下一個目標。

到米蘭跟我碰面的小組組長傑伊‧湯利（Jay Townley），是他們公司負責公司治理、法務及特殊專案的副總裁，是個十分精明幹練的人。

根據他的判斷，全面罷工很有可能近期就會開始，而且一旦開始，可能會持續至少一年以上或更久，後果無法預料。一旦發生，Schwinn手上的庫存只夠支撐四個月；四個月後，一千八百家品牌專賣店將面臨斷炊停業、甚至倒閉的命運。

所以他們包括產品、技術、業務、採購的整組人，專程飛到米蘭找我，就是要討論巨大是否願意且能夠幫忙──所謂幫忙，指的是巨大能不能在短期內，就承接原來芝加哥生產的所有車種，包括我們從未涉足的室內健身車。

我聽了頭皮發麻。先不說大量新車種同時開發轉移的工作量和品質技術難度，現實上，巨大工廠的產能最多也只有五十萬輛而已，新產能要如何快速地生出來？

我告訴傑伊，我們一定會全力以赴，但請給我兩天時間，再給他們答覆。

當晚，我緊急打電話給標哥商量大計。我們都認為，巨大**有今天，Schwinn是恩人，如今他們有難，道義上我們應該盡全力協助。**

策略既定，我們便兵分兩路。我必須立刻開始和Schwinn的小組成員進行車種、物料清單、技術圖面、品質規範、數

量和成本等的全面盤點，設立專案，為承接移轉做基礎準備工作，爭取時效。

在地球的另一邊，標哥緊急召開董事會，取得大家的共識和支持後，立刻進行幾項專案：一是取得銀行資金的支持，二是物色立即可用且夠大的廠房（因為沒時間蓋），三是連繫主要設備廠商，確認供應能力和交期。

幸好前幾年巨大快速成長且有合理利潤，銀行願意支持，設備廠商也願意緊急配合，剩下來最頭痛的就是廠房了。幸運的是，董事之一的卓文川是大甲在地人，一向交遊廣闊，探得有一家做鞋子的公司剛在大甲蓋好全新的大廠房，水電證照俱全，準備擴充業務，但因為景氣不佳的緣故，不得不延緩原來的搬遷計畫。經過卓文川居中斡旋，他們終於願意將廠房轉售給我們（就是巨大現在的大甲廠）。

四十八小時後，我再次和小組碰面。我告訴傑伊，Schwinn 有恩於巨大，我們會全力以赴協助他們，而且已經買下新廠房、訂購了主要設備，立刻要開始建造百萬產能的新廠。

小組成員幾乎難以置信，含淚向我致謝。傑伊還很誠實地提醒我，他們並不能承諾，罷工結束後這些車種不會移轉回美國生產，但他們萬分感激我們願意伸出援手，未來也一定會盡量考慮我們的立場。

我總結道：「A friend in need is a friend indeed!」（患難之交才是真朋友！）

大家捲起袖子，開始幹活吧！

一年內，我們日夜趕工，依計畫好的先後次序，成功承接了所有車種，包括室內健身車。

Schwinn 的芝加哥工廠在罷工兩年後被廢棄，他們後來在密西西比州建了一座三十萬輛產能的新廠，並繼續維持約 75% 的量向巨大採購。雙方成為合作無間的策略夥伴，傑伊和我成為至交好友，而巨大的產量也突破一百萬輛，成為臺灣第一、亞洲第二的自行車公司。

恩師的經營理念成為巨大的基本信念

艾爾在二次大戰後加入 Schwinn 擔任工程師，後來調為董事長兼總裁法蘭克・史溫（Frank Schwinn）的機要祕書，並逐漸成為其左右手。後來法蘭克健康狀況不佳，需要靜養，無法常到公司，就遙控重要事務，並提拔艾爾為執行副總裁，授權他經營管理公司所有的業務。

在艾爾的帶領下，推動了 Schwinn 品牌的現代化，打造了一千八百家品牌專賣店的獨有通路模式，又積極開發具創意的新產品，領導流行。高把手童車的始祖「Sting-Ray」就是他的大作，法蘭克・布里蘭多的 27×1¼ 十段變速車

「Varsity」則是在他支持之下開發出來的，紅極一時的室內健身車「Air-Dyne」也是由他發想創造的。此外，他還與時俱進，活用日本和臺灣的分工進口資源，使 Schwinn 成為美國市場的領導品牌，也間接協助了亞洲自行車工業的發展，世界最大的日本變速機廠商島野（Shimano）當年規模還小的時候，也從他那裡受惠良多。

艾爾待我如父兄，是我的恩師，長年下來也成為忘年之交。他信任我，把我當自己人，容許我參加他們各種重要會議，並且可以自由發言、提建議。在他身上，我學習到待人處事的真誠、公義、信實，了解團隊合作的重要性，以及如何領導統御、經營事業。尤其是他**把銷售服務端的「品牌專賣店」和供應端的「供應鏈」都視為夥伴**的信念，更是深入我心，成為巨大公司的基本原則和理念。

總之，他是這一輩子對我影響最大的人。

艾爾退休後，我仍與他們一家人保持連繫。2012 年，他的兒子麥可和我連絡，說他八十八歲的老爸阿茲海默症愈來愈嚴重了，已經不太認識人，但他每次和兒子談話，總是不斷提到「Yoshi」（Yoshizo Shimano，島野的會長島野喜三）和「Tony」（我的英文名字）。所以，麥可想帶老爸去參加最後一次拉斯維加斯自行車展，並希望島野會長和我能到那裡碰面，一起用餐。

我們如約而至，看著艾爾神色呆滯地坐著輪椅被麥可推進來。然而，艾爾一看到島野會長和我就馬上活過來了，興奮地聊了許多只有我們才知道的共同往事，並開心地問很多問題，大家過了一個非常愉快而感性的夜晚。

不過，聽到同樣的故事重複五、六次，我們知道，這恐怕是最後一次見面了。（參見彩圖 02、03）

⚛ 提升技術，脫離紅海

為了脫離紅海競爭，自行車的高級化和輕量化是唯一的突破口。當時一般的自行車架都是用鋼管，只有少數歐洲高級手工車才會用到又輕又高強度的鉻鉬合金，因為鉻鉬合金硬度高，加工和焊接的技術難度非常大，無法大量生產。

標哥是我見過最天才的製造技術改良和創新者。他不僅開發了能以合理成本大量生產鉻鉬合金車架的銅焊技術和自動化設備，更研發了「三次元不等壁厚」精密抽管技術，使車架在進一步輕量化的同時，更提升了使用的性能。

這個重大突破使巨大成為全球輕量高級車製造的技術領先者，是世界知名品牌委託生產的首選。

1989 年，標哥結合工研院材料所、日本的碳纖維公司、德國客製化的機械設備和瑞士的特調樹脂，成功開發從碳纖

維絲開始，一直到車架眞空成型的複合材料全面加工技術，使最輕、強度最高的夢幻頂級車的量產變成可能，不僅成為全球高級車的新標準和新趨勢，更把捷安特品牌順勢推上峰頂。

山地車流行之後，車管需要各式各樣的異型管件和強固耐震的焊接強度，所以我們過去多年來最擅長的強項──銅焊鉻鉬合金──已經不合用了，取而代之的是超輕、強度高，又能隨意改變造型的輕鋁合金。策略方向決定後，標哥帶著技術團隊開發出最佳材料和加工法，使巨大再度成為全球鋁合金製造的領先者。

但是，當看到服役二十多年、立下無數戰功的幾十部鉻鉬合金自動銅焊機「火戰車」不得不被報廢淘汰時，我知道，他不免暗暗流下幾滴依依不捨的英雄淚。

此外，近年來風行全臺灣，改善了交通形態、深受人們喜愛的「微笑單車 YouBike」公共自行車及系統，也是標哥另一項精心傑作。

從 OEM 走向 ODM

跟臺灣絕大多數的工廠一樣，巨大也是做 OEM（Original Equipment Manufacturer，原廠委託製造）起家的。

因為我們優異的製造技術和供應鏈關係管理能力，受到 Schwinn 的信任，開始快速大幅成長，十年內就突破年產百萬輛的門檻。

艾爾‧弗里茲退休後，Schwinn 新聘了一位市場行銷副總裁比爾‧奧斯汀（Bill Austin），他原先待的並非自行車業，受過被譽為「美國企業界的哈佛」——GE 克勞頓管理學院的訓練，是經營管理的高手。他念大學時曾是知名的美式足球四分衛，所以特別重視團隊合作，又有非常獨特迷人的領袖魅力。他的一項很大的貢獻是導入品牌經理和產品經理制度，培養年輕人才，我向他學習很多。

當時正值美國山地車開始流行，巨大因為擁有各種不同的客戶，所以有機會對山地車進行深入研究，並且發展了我們獨有的開發和檢測技術。Schwinn 因為「大隻牛慢翻身」，總部所在地芝加哥是平原，沒有高山，所以在山地車的研發上相對落後。

比爾派佛瑞德‧提曼（很巧，就是我第一次拜訪 Schwinn 時帶我參觀工廠的那位）擔任山地車的產品經理，並要我與他配對協作，研發山地車。佛瑞德認真踏實地深入美國科羅拉多州山區，實地研究、企畫，我們的工程開發團隊則搭配進行整車的設計和測試驗證，最後推出的「Sierra」和「High Sierra」兩款山地車，在市場上獲得很大的成功，奠

定了我們在山地車領域的地位。

從此之後，巨大向上提升進化為 ODM（Original Design Manufacturer，原廠委託設計代工），成為客戶的協同開發和製造供應重要夥伴，相輔相成，穩健地成長茁壯。

🚲 從代工走向自有品牌

美國外銷市場經過十年的努力已經打下穩固的基礎，而當時在臺灣，自行車仍然停留在老式代步工具的時代。

那時候，我們的孩子都進小學了，我們把外銷的自行車拿給孩子們騎，他們都非常喜歡，他們的同學也都希望可以擁有同樣的產品。這讓我們覺得，好的產品只給外國人享用，自己的臺灣同胞卻無緣享受，實在太不應該了。

於是，1981 年，我們決定正式在臺灣推出自有品牌。

在選擇品牌名稱時，我們覺得「巨大」並不是很合適，便把公司的英文名字「**GIANT**」直接音譯為「**捷安特**」，也代表我們的自行車具備「迅捷、安全、設計獨特」的特性。

現在品牌名三個字、四個字都不稀奇，但在那個年代，不知為什麼，所有的品牌都是兩個字，例如大同、統一、國際、新力、聲寶、金蘭，隨便你舉。所以，當三個字的「捷安特」推出時，很多人都直覺地以為是外國品牌。

當時臺灣自行車業的通路還很原始，有能力的黑手店都有自己的「貼牌」，也就是買來車架和零件，然後在店裡拼裝起來，貼上自己的牌子，再批發給該地區其他較小的車店。大部分的黑手店燈光昏暗，又小又亂，組裝和修理都在地面作業，工具和技術都不專業。

我們決定師法百年品牌客戶 Schwinn 的經營模式，以**品牌專賣店**的方式來提供完善的銷售和服務。從臺北天母第一家實驗店開始，逐步修正、完善，短短五年裡就布建了三百家捷安特專賣店的全省經銷服務網。

臺灣捷安特推出後一炮而紅，越野車「紅武士」和「黑武士」，以及 700C 公路跑車「火狐狸」（參見彩圖 04-06），都帶動了臺灣自行車的新風潮，成為當時年輕人的夢想和最愛。

當時流行的廣告詞「**自行車就是捷安特！**」及「**無限延伸你的視野，捷安特！**」，至今仍是當代人甜蜜的回憶。

就這樣，巨大從一家代工廠，**變身成為擁有自我品牌的自行車公司了。**

而捷安特品牌在臺灣的成功經驗，也成為未來「世界的捷安特」的搖籃。

🕸 被長期策略夥伴踢下水的覺悟

OEM 業務順利成長，原以為公司就可以如此順利地長期發展下去。

沒料到好景不常，占我們 75% 業務量的 Schwinn 因為家族事業世代交替的關係，改朝換代。一開始仍蕭規曹隨，維持既定的策略方向，並與巨大維持密切的夥伴關係，公司也很正常地成長發展。

但若干年後，原有的優秀「自行車人」老幹部紛紛被安排提早退休，而新加入的經營陣容大多是來自外界、具備財務併購背景的人，他們自己不愛騎車，對產品沒有興趣、對自行車行業不熟悉，與巨大也完全沒有過去的革命感情，不重視長期培養好夥伴關係的重要性和價值。在他們的觀念裡，供應鏈只是下訂單、做生意而已，隨時可以取代或更換。

所以幾年後，在不出資就能擁有一半股權的優惠誘人條件下，Schwinn 答應與香港一家自行車公司合資去中國大陸設廠。顯而易見，未來這個合資廠可以順利生產時，勢必逐步取代他們給巨大的訂單。

如此重要的決定，以巨大和 Schwinn 之間多年的密切關係，我們卻在他們對外公布前的**最後一刻**（二十四小時前）才被告知。真是情何以堪，令人心寒不已。

我忍不住向他們抱怨，怎麼可以這樣子對待一個曾多次不計一切拯救 Schwinn 於危難、忠心耿耿的策略夥伴？

他們的答覆只有簡單的一句話，「Business is business!」（公事公辦，在商言商！）

對才剛長大的巨大，這是驚天動地、生死存亡的緊要關頭，讓我們徹底覺悟**只為人代工的最終宿命**。痛定思痛之後，我們決定採取**「自有品牌和 OEM 客戶並重」**的長期戰略，並在 1986 年勇敢地從歐洲開始推出自有品牌**「GIANT」**。

雖然我們在臺灣有推出捷安特品牌的五年經驗，但相較於歷史已經超過兩百二十年的自行車發源地歐洲而言，當年的臺灣市場只不過是小學程度而已。

而且我們所稱的歐洲，實際上是由許多語言文化國情都不同的國家組成，且各國都擁有歷史悠久的自行車名牌和通路，以及高品質且設計精良、適合當地使用環境和需要的全產品線。就憑才十五歲、以代工起家的巨大，要在全世界範圍挑戰自有品牌，真是不自量力、難似登天！

我們就像忽然被人推入水中，為求生存才不得不開始掙扎學游泳。

現在回首來時路，還真感謝當年 Schwinn 那些新領導班子。若不是他們把我們踢下水，我們還真的沒有勇氣在西方

世界的先進國家推出我們的自有品牌呢！

踏出自有品牌全球化的第一步

決定在歐洲推自己的品牌以後，面臨的第一個問題就是沒有人可以派出去。我們是代工廠起家，大部分的人才都是在製造管理方面，雖然曾在臺灣成立捷安特公司做過自有品牌，但都是碰到英文就開不了口的人。沒辦法，我只好自己一個人到荷蘭招兵買馬、成立公司。

我在物色總經理時面試了好幾組不同背景的人，大多只重視工作內容和薪資報酬，對自行車業一無所知也沒有熱情。

正在失望之際，來了兩個人，他們堅持如果要聘就必須兩個人都聘。面談之後，發現這兩個人很不錯。李奧‧蕭曼斯（Leo Schoormans）曾在英國自行車名牌的荷蘭分公司做過管理工作多年，因為事事必須報告總部、聽命行事，覺得無法發揮，後來轉職到一家知名的日本機車公司負責行銷，雖然負責整個荷蘭市場，但會議上只要碰到重要議題，幾個日本幹部就全部開始講日文，和日本總公司連絡報告也都是日文，讓他經過多年仍覺得自己是個外人，所以萌生去意；另外一位楊恩‧德克森（Jan Derksen）本身是參加過奧運溜冰和自行車項目的國手，是李奧在自行車公司任職時的同事，擔任產品和品管的課長，也因公司不重視品質和新產品開發

感到心灰意冷。

他們覺得如果要來打「GIANT」這個品牌，必須有他們兩人搭檔才行。我覺得他們很優秀又很主動積極，當場就準備錄用，但他們說且慢，接下來輪到他們來面試我。從巨大的歷史、經營理念、我個人的經歷、臺灣捷安特品牌、為什麼要來荷蘭打品牌，他們鉅細靡遺地問了一個小時之久。

最後，李奧和楊恩歸納出三個關鍵問題：

一、打算在歐洲經營多久？因為許多美國品牌都來來去去。另外，萬一臺灣被控傾銷呢？

我答道，我們打算永續經營至少一百年。萬一臺灣不幸被判傾銷，立刻在荷蘭設廠。

二、對品質和新產品有何看法？

我告訴他們，品質是品牌的生命，持續開發新產品，讓消費者能享受更好的自行車騎乘體驗和生活，是捷安特的使命。

三、他們每年會提出年度計畫，在年底提出經營成果報告，並給荷蘭商會簽證，在這個前提下，能否充分授權他們，而且他們只對我一個人報告和負責？

我說，我們就是要建立能充分授權和當責的團隊，至於經營戰略和計畫，我會事先參與，共同確定我們是走在正確的

方向上。

　李奧和楊恩對我的答覆感到滿意，並表示他們透過業界人脈打聽，認為我是說話算話、可以信賴的人，所以決定一起打拚。

　就這樣，捷安特歐洲的荷蘭總公司成立了。捷安特自有品牌全球化，終於踏出了第一步！

　這次面試的過程對我而言，是很大的震撼教育。在慶幸一開始就能找到對的人才和團隊的同時，我一方面看到西方先進國家人才的水準和商業制度的完備，了解自己和公司水準的不足，另一方面又看到好的人才無法在知名企業裡生存、發揮所長這種令人可惜的奇怪現象。這些感觸讓我開始深刻地思考，未來到底要如何經營管理才是正確的。

☙ 團隊合作是全球在地化最大的挑戰

　做代工生產是相對比較單純的，一切以工廠為中心，從客戶接單、產品開發，供應鏈管理、生管品管、準時出貨、結匯入帳等，都能標準化、系統化地進行。

　但是做自己的品牌就大大不一樣了，除了公司內部必須建構品牌、行銷、開發、產銷、管理等機能外，還要跟世界各

地的子公司密切合作。

剛開始規模小的時候，還能以我為中心來統籌指揮；當規模愈來愈大、營運愈來愈複雜時，裡面產生的問題也就愈來愈多了。我們深深覺得，如果沒有**好的團隊合作**，最後一定會失敗。

然而，工廠的製造本位、開發單位的技術本位，以及全球各子公司的自以為是，處處都是高牆壁壘，溝通沒有共識，會議永遠劍拔弩張。

「團隊合作」是我們進行全球在地化最大的挑戰，所幸我們花了很長的時間、做了很多嘗試和努力，終於在相當程度上克服了這個問題。

在後面的章節裡，我會更詳細地說明。

訂定公司正式語文，以利溝通

我們在全世界各國的公司，主要都聘用**當地人來經營管理**。

美國、英國、澳洲、加拿大用英文，德國用德文、法國用法文、日本用日文、臺灣和中國大陸用中文，開起會來像是聯合國，即使透過翻譯，真正的意思還是很難完全正確地表達出來。關於品牌的定義和公司的重要理念，翻譯成各國文字後，很多都失去原汁原味了。

我們做對一件很重要的事：在 1990 年宣布**以英文作為整個集團的官方正式語文**。當時遭到很多反對和反彈，也讓許多人吃盡苦頭，但今天回首一看，全球的巨大人都能以英文順利而明確地溝通、分工合作，自然得像喝水一樣，可謂苦盡甘來。

使用共同語言的中國市場不能放棄

我一向非常關心中國大陸市場，遠在大陸改革開放前，我就有一次機會從北京進去大陸，先到天津拜訪五大名牌之一、北方的老大「飛鴿自行車」，再南下到上海，拜訪中國第一名牌「鳳凰自行車」。他們雖然都很驚訝，心想怎麼突然蹦出一個從臺灣來的同行，但都非常熱誠親切地接待我，帶我參觀車間，彼此交流訊息和心得，當然，我也領教了他們待客的豪爽和「白酒」的威力。

當時，大陸還很落後，自行車是百姓心目中排名第一、最希望擁有的民生必需品。號稱「黑老虎」的載人載貨兩用英國式實用車，全鐵製造，雖然笨重，但非常堅固耐用，是當時老百姓唯一的交通工具（參見彩圖 07）。上海鳳凰、上海永久、天津飛鴿、常州金獅、廣東五羊這中國五大名牌供不應求，必須先買票，三個月後才能配車；如果想買黑色以外

的其他顏色，就得等上六個月。下班時刻站在天津和上海街頭，目睹成千上萬的工人騎著黑老虎，沒有車燈，在只有昏暗街燈的馬路上魚貫而行，蔚為奇觀。

中國改革開放之後，1992 年，捷安特決定在江蘇昆山設廠，中國區總經理由鄭寶堂擔任。鄭總是個誠信踏實、認真負責的人，上任時恰逢梅雨季節，他每天著雨衣、穿雨鞋，走遍廠區每一塊土地，才發現廠區所在地原來是舊河道，於是趕緊倍增固土鋼樁，才終於順利完成建廠。之後，他從無到有，建立中國指標性的高品質高效率工廠，並打造了臺商、陸商兼具的 G-Team 供應鏈，奠定捷安特在中國自行車行業的工藝質量領先地位。

另一方面，年輕的副總劉湧昌領導品牌行銷團隊，帶領他的左右手朱雄瑜從上海開始，向全中國推出「捷安特」品牌。

起初，我們完全不把「黑老虎」看在眼裡。我們在上海很好的地段開設了一間滿大的品牌展示店，展廳明亮現代化，外面則有眾人注目、畫面生動的捷安特招牌，並沿用臺灣的成功口號「無限延伸你的視野」，心想在中國堂堂推出行銷歐美的捷安特現代化自行車，肯定會一炮而紅。

結果出乎意料，完全不是這麼回事。幾個禮拜下來，賣不了幾十輛。

消費者雖然喜歡我們新奇好看的車子，但那個價錢對當時百姓的平均收入而言太高了，買不起；就算買得起，馬路的路況普遍很差，沒法騎這種窄輪胎的好車。

總之，在那個年代，他們真正需要的，還是單速的通勤代步用輕快車。可以輕一些、好騎一些、造型漂亮一些、顏色選擇多一些當然更好，但價錢還是不能太貴。

痛定思痛，劉湧昌運用我們輕量化的生產工藝，以及對自行車騎乘（Cycling）的理解，針對中國大陸特別開發了輕量、好騎、時尚的兩款單速男女對車──「瑪斯特」和「雅典娜」（參見彩圖 08），各有五種顏色，定價人民幣 500 元（是黑老虎的兩倍價）。

大陸籍、能接地氣的朱雄瑜，認為我們的「無限延伸你的視野」太形而上了，大陸老百姓完全無感，建議更換。我們接受他的提案，改用充滿革命精神的新廣告語：「**換個步伐前進！**」

在一個週末，上海所有公車的右邊都掛上了「換個步伐前進！捷安特」的紅布條，左邊則掛上「瑪斯特」和「雅典娜」的圖照，轟動整個大上海，獲得中上流人士的青睞和喜愛，光上海店一家每年就賣出一萬多輛。這種時尚輕快車，很快就從流行之都上海蔓延到全中國各地，捷安特成為第一家取得「**中國馳名商標**」的外資企業，為品牌打下堅實穩固

的良基。

八年之後，中國改革開放已初具成效，中產階級快速形成，可支配所得大幅提升，廣大消費者也開始重視運動和健康。看到這個趨勢和機會，劉湧昌把在海外暢銷的山地車加以改良，設計出適合中國城市及郊區使用的「ATX」系列（參見彩圖09），二十一段變速、有粗大輪胎和避震前叉、能克服各種不良路況的「全地形越野車」，帶動了全中國騎變速自行車休閒運動健身的風潮。

站在這個勢頭上，朱雄瑜率領子弟兵在大江南北攻城掠地，短短幾年內就在全中國布建了兩千五百家捷安特專賣店，提供優質的導購和服務，奠定捷安特在**中國的第一品牌**地位。

之後，又成立捷安特自行車體育基金會，積極推動自行車騎遊活動，例如北京到上海兩千三百公里的「京騎滬動」，以及海拔三千四百公尺的「環青海湖」等。像這樣長期與時俱進，不遺餘力地耕耘市場，不斷推動**自行車新文化**，繼續引領中國自行車市場接軌全球，向捷安特的自行車世界邁進。

🔗 世界唯一專屬女性的自行車

在這個世界上，女性人口占一半強，而全球自行車總銷量中，女性產品也占一半以上，但其中絕大多數是所謂的傳統「淑女車」或「菜籃車」。在運動型自行車領域，因為需求少，所以少有專門為女性設計的車子，一般的做法都是選擇小尺寸的男性車來供女性使用，如此行之有年，大家也都習以為常。

事實上，男女身體構造大不相同。女性下半身較長、雙肩較窄、上臂較短，手掌也較小，以上半身直立坐姿騎淑女車慢速前進時，影響不大；但在騎運動型自行車時，人與車無法依人體工學做最佳配合，不但會降低騎乘的效率，甚至會影響安全或造成運動傷害。

我在 2008 年第一次完成環島之後，就愛上了自行車運動，並且熱心地想鼓勵我太太吳春蘭也來騎車，將來才可以夫唱婦隨、結伴同騎。一開始她以天氣太熱又怕晒黑為由，不感興趣，後來終於被我說動了。

不過她強調，要有一輛好看好騎、前面有漂亮籃子的車。我精心挑選了一輛叫「Momo」的車，設計時尚，有七段內花鼓變速，前面還有個配色漂亮且隨時可以取下帶走的皮籃子。太太看了非常喜歡，卻只騎一次就再也不願騎了。她說

爬坡累死人了——因爲我們家住在臺中靠東海大學那邊的大度山臺地上，出門就有下坡，回家一定要爬坡。

我仔細向她說明，絕不是她體能不夠好，完全是車子不對，挑一輛好的二十四段變速公路跑車就沒事了。我哄她去我們的旗艦店挑車、選配件，並告訴店長，我老婆要什麼給什麼，都要最好的，我再去結帳。我心想，這次可搞定了吧！

下班回家，問她買得可滿意，她臉色臭臭地說：「我什麼都沒買！」我嚇了一跳，問道：「爲什麼？」她生氣地說：「所有跑車都是男生的，店長一直建議我騎最小的尺寸就可以了，但是我怎麼騎都覺得哪裡不對勁！還有你們所有的頭盔、手套、車衣、車褲、車鞋，都是男生的樣式，顏色又單調，醜死了！你們捷安特完全沒爲我們女性著想，根本就是歧視女性！我再也不要騎車了！」

我被罵得狗血淋頭，當然不是滋味，但也感謝我老婆，因爲只有她敢這麼直白地表達她的不滿和忿怒；更重要的是，她說的都對。

我做了新的戰略決定，**要爲女性開發眞正對的產品，並創建一個女性專屬的新品牌。**

我找來當時的執行副總杜綉珍，賦予她創建女性新品牌的重責大任；再找來研發長張盛昌組建以女性設計工程師爲

主的團隊，全方位不惜成本開發全系列產品，不管訂單有多少，對的產品就開發。

每個人都體認到這將是一個曠日廢時、需要投入大量人力物力資源的艱巨任務，但大家也和我一樣，都認同這是有意義和非做不可的使命！

在杜綉珍的帶領下，新品牌命名為「Liv」，以「Liv Beyond」為品牌精神。她的左右手——負責產品設計的周驊和負責品牌行銷的詹立慈——及其他團隊成員合作無間，克服困難，不斷地嘗試、創新、改進。

先從亞洲市場出發，費了十年苦功，逐步開發完備了「Liv Cycling World」全系列車種，以及從頭到腳全方位的車衣和配件。2014 年，杜綉珍在歐洲國際自行車展（Eurobike）向全世界公開發表「Liv」品牌和產品，成為**世界唯一的自行車專業女性品牌**。（參見彩圖 10、11）

至於我老婆，現在是 Liv 的忠實粉絲和志願代言人，騎著 Liv 的各式碳纖維跑車，每天換一套漂亮的 Liv 車衣，已經完成十次的臺灣環島，以及西進、東進、北進武嶺，更遠去南法征服世界知名的高難度環法賽站「風禿山」，騎車的實力已在我之上。（參見彩圖 12、13）

更難得的是，她現在看起來比實際年齡年輕十幾歲，而且身材愈來愈好，二十年前的舊旗袍和牛仔褲也可以重新上身

了。（騎 Liv 車唯一的缺點，就是要準備置裝費買小兩號的衣服！）

而且她還是白白的，完全沒有晒黑。有什麼祕訣，就請自己去問她了！

每次有女性朋友向她請教該買什麼車才好，她總是一本正經地回答：

「千萬不要買捷安特，一定要買 Liv ！」

誰說同業只有競爭關係？

中國大陸改革開放之後，臺灣的產業陸續流向大陸。自行車業也不例外，從八〇年代開始，陸陸續續向華南移動，以大陸相對廉價的成本繼續做外銷業務。

前面已提到我們也在 1992 年於江蘇昆山設廠，開始內外銷並重地經營中國國內市場，把低階量大的車種移交大陸生產，臺灣則專注於高階創新產品的研發和製造，兩岸分工，相輔相成。

到了 2002 年，臺灣自行車移往大陸的比重愈來愈大，經營重心也大幅移轉。如此繼續下去，臺灣自行車總有一天會變成「空洞化」。

有鑑於此，我在 2003 年號召成立了「臺灣自行車協進

會」（A-Team），親自擔任六年的會長，結合有志之士，共同為根留臺灣努力。

我們的戰略願景是：**打造臺灣成為全世界創新價值與高品質自行車產品的研發、製造、供應、服務平臺和中心，帶動高級車普及化的風潮，開創全新的藍海。**

信念則是：

Power of Partnership　夥伴的力量
Future of Cycling　創造自行車騎行的未來
Passion for Cycling　熱愛騎自行車

我們並以三階段來進行：

一、**推動豐田生產系統**（Toyota Production System ／ TPS），脫胎換骨，厚植製造管理實力。

二、合作互補，共同**開發創新產品**。

三、相互扶持，推動**品牌行銷**。

在大家的努力下，我們成功逆轉形勢，使得臺灣今天成為名副其實的創新高質產品研發供應中心，創造了一片新藍海。（參見彩圖 14）

有關 A-Team，我在第四章的「TAET 活用範例 7」有更詳細的說明。

透過自行車三大賽扭轉消費者的印象

捷安特的自有品牌經過二十年耕耘，已經銷遍全球主要國家，我們的技術和產品絕對不會輸給任何人；但是到了高級公路車領域，自行車百年老市場先入為主的觀念，根深柢固地認為義大利或美國的才是血統純正的名牌賽車，其他的只是一般運動車而已。因此，捷安特的車不管做得多好，零售價超過 2000 美元就賣不動了。這情況就好像不管 Toyota 的車品質再好，要買高級汽車時，消費者心目中的首選，還是德國的雙 B。

想來想去，高級車是拿來競賽用的，如果我們能在自行車職業競賽的殿堂——環法國、環義大利、環西班牙三大賽事中嶄露頭角，說不定就能改變消費者對捷安特的印象和看法了。

我和捷安特歐洲公司的副總楊恩‧德克森商量，因為他曾代表荷蘭參加奧運自行車項目的比賽，並獲得銀牌，對產品、比賽、車隊界都很熟。

他雖然贊同我的策略思考方向，但認為難度非常高。因

為要掛名養一個職業車隊，對我們這種小公司而言不啻是天
價，肯定負擔不起；若是退而求其次，就只能寄望提供比賽
車讓車隊使用，但這也是歐美名牌的做法，而好車隊又為何
願意棄名牌不用，考慮捷安特呢？最後楊恩建議我們先從贊
助荷蘭的業餘車隊開始，小成本練兵，再見機行事。

　　當時我們本來就有在做高級公路跑車，但說實在的，與
其他品牌的跑車大同小異。我請教楊恩，為什麼三大賽是在
法國、義大利、西班牙舉行，而不是在歐洲其他國家？他告
訴我是因為這個地區有歐洲最高的阿爾卑斯山脈，地形變化
多，困難度大，比賽挑戰性高。當然，拉丁民族狂熱不要命
的好勝心，也是百年前變速機剛發明就被拿來競技，而形成
這著名的世界三大賽事的另外一個原因。

　　我再問，要贏得環法大賽的關鍵是什麼？他解釋說，環
法大賽是二十一站、總長大約三千四百五十公里的賽事，其
中有距離較短的計時賽、兩百公里以上的長程公路賽，以及
一百五十公里左右的山區賽事。參加的兩百多名高手，基本
實力都不相上下，長程的賽段通常都是大部隊同時抵達，最
前面幾位領先選手衝速拚單站冠軍而已；至於計時賽，實力
就有高低了，但輸贏也僅在幾分鐘之差；真正的挑戰都在其
中為期一週的山區賽，選手的高海拔地段爬山技術和能力，
以及高速下山的掌控能力，實力差異懸殊，那才是生死決

戰、勝負立判的關鍵時刻。

我聽了大感興趣，因爲我們對美國流行的山地車有很深入的研究和豐富實證的技術經驗，發現壓縮車架（Compact Frame。自行車車架的結構會自然形成前後兩個三角形，壓縮車架主要是把一般與地面平行的上管往座管方向傾斜，使得兩個三角形變小）不但能增強爬坡時的施力效率，在下坡時，選手也更容易透過調整身體的坐姿來穩定重心，而能更得心應手地在高速下坡時進行安全有效的操控。

楊恩聽了雖然覺得好像有道理，卻又難以置信地反問我，爲什麼百年來所有名家設計的公路賽車，「上管水平」是不爭的「鐵律」？我回答說，因爲那些名家都是騎公路車的高手，一輩子活在公路車的世界裡，從來沒有騎過山地車。

楊恩勉爲其難地點點頭，但我看得出來他心裡還是不以爲然。我便告訴他：「百聞不如一見，我們也不要爭辯了。你自己是優秀的選手，我回去做一輛樣品車，給你試騎看看再說。」

一個月後，我讓技術部門照我大概的意思，手工捏了一輛鋁合金壓縮車架的車寄給他。他趁著暑假去西班牙，和他幾個選手朋友花一週時間重遊環西賽的經典爬山路段。

騎完後，楊恩打電話給我，大叫道：「太棒、太不可思議了！」他說他從來沒有騎出過這麼好的成績，把他那些老

朋友全部甩得老遠！更重要的是，那些老朋友裡有個叫馬諾羅‧塞斯（Manolo Saiz）的人，他是西班牙盲人協會成立的「ONCE」自行車職業車隊的教練。馬諾羅在最後一天和楊恩換車試騎，大為讚歎，並詢問楊恩願不願意提供這種壓縮車架的車，供 ONCE 在下年度的賽季使用。我們當然很高興地同意了。（參見彩圖 15）

我們把樣車做更嚴謹的設計優化，反覆進行機臺測試，並寄給選手實騎，取得心得回饋，最後完成鋁合金版的「ONCE」賽車 —— 我把它命名為「TCR」（Total Compact Road，壓縮車架公路車。參見彩圖 16）。

贊助車隊戰績輝煌，躋身世界名牌之列

1999 年，ONCE 車隊騎 TCR 參加環法大賽，一舉拿下團體總成績第二名，跌破所有人的眼鏡。因為如果某一位選手表現特別突出，可能是他個人的優異表現，但團體成績則需要全員成績都好才有可能，那麼，就一定和使用的車子有關了。因此，其他隊都派祕探來暗中研究。

2000 年的比賽前，許多競爭隊伍突然集體檢舉，說 ONCE 使用的器材不合國際自由車總會的技術規範，因為 TCR 的設計與傳統不符。ONCE 被迫改用以前的車子，當年成績平平。

ONCE 的教練馬諾羅鍥而不捨地強烈抗議。而在這段期間，有幾支其他隊伍經過研究，也發現了壓縮車架的優勢，並且暗中開發，準備使用，所以主動撤消他們的檢舉。終於，在 2001 年比賽結束時，國際自由車總會宣布 TCR 是合法的，可以回復參賽。

在這幾年裡，我們已經完成了 TCR 的碳纖維進階版，車子更輕、性能更強。

2002 年，ONCE 騎著新的碳纖維版「TCR Carbon」出賽（參見彩圖 17），一舉拿下環法大賽的團隊成績總冠軍，以及個人的亞軍和第四、第五名，震驚四座。

感謝國際自由車總會的杯葛，使得 TCR 一戰成名天下知，成為世界公路車史上永遠的「經典名車」。

之後，ONCE 因為盲人協會改組，停止投入自行車比賽的活動。德國的一流車隊「德國電信隊」（T-Mobile）選擇我們作為器材好夥伴，並同意我們以「GIANT TCR」的名稱秀出品牌。他們採用 TCR 以後，戰績輝煌，連續三年（2004、2005、2006）蟬聯環法賽的團隊總冠軍。

多年來，我們持續贊助多支不同的車隊（除了捷安特，我們的女性品牌 Liv 也持續贊助世界一流的女子職業賽事）。此外，除了 TCR，我們更陸續開發計時賽用的「TRINITY」、平路長程最低風阻的「PROPEL」，以及石

板路古典賽吸震的「DEFY」，讓選手依不同賽站，有更多武器可選擇。

2017 年，「太陽網車隊」（GIANT SUNWEB Team）拿下環法的雙冠王──爬山王和衝刺王。

2017 年，我們的選手湯姆‧杜穆蘭（Tom Dumoulin）拿下環法大賽的個人亞軍，和第一百屆環義賽的個人總冠軍。

為了慶祝環義總冠軍，我們特製五百輛限量版的粉紅色 TCR（粉紅是環義的代表色），定價 10000 歐元。結果，四十八小時內就被搶購一空。

毫無疑問，「GIANT 捷安特」現在已經躋身世界頂尖名牌之列了。（參見彩圖 18-23）

🔗 世界的捷安特

不像美國、歐洲或日本的品牌都有廣大的國內市場作後盾，外銷只是他們向外延伸擴大版圖而已，臺灣是個小市場，所以當我們推出自有品牌時，別無選擇，自然必須放眼全球。

因此，我從一開始就提出兩句願景口號──「世界的捷安特」和「捷安特的世界」，來鼓勵我們自己要以世界為舞臺盡情揮灑，透過自行車生活，為人類做出貢獻。

當有些同業仍固守代工，或每天只關心兩岸議題時，我們抱持「根留臺灣，立足中原，騎遍全球」的格局和高度，以全球在地化的方式默默努力耕耘。

我們從不諱言，但也不刻意宣傳我們是來自臺灣的品牌，因為消費者重視的不只是這個品牌從哪裡來，他們更在意的，是這個品牌能給他們帶來什麼價值。

當你到世界各地旅行時，可能會發現荷蘭人告訴你GIANT 是荷蘭品牌，法國人說是法國品牌，日本人說是日本品牌，甚至中國大陸的人都說這是中國品牌。

聽到的時候，請不要詫異，他們說的都是對的。

因為我們是「世界的捷安特」！

🔗 捷安特的世界

自行車是兩百多年前在歐洲被發明出來的，徹底改變了人類移動的方式、速度和效率。從歐洲開始，後來傳到美洲和亞洲，成為交通工具的主流，風行全世界。但之後機車、汽車興起，自行車的交通工具角色逐漸被取代，而失去其重要性。

直到上世紀的七○年代，美國醫學界發表對人體健康最好的三項有氧運動，是游泳、跑步和騎自行車之後，自行車

又獲得新生命。透過輕量化和多變速功能，自行車不但可以在平地進行高速度的騎行，爬坡也不是問題；接下來又開發出有避震功能的山地車，更可以在山林裡上下跳躍、來去自如。因此，在全世界引發了自行車運動休閒健康的新風潮，而捷安特也在這個風潮裡成為新的自行車生活世界的代表性品牌之一。

運用全球在地化的優勢，我們把美國的山地車帶進歐洲和亞洲，把專業彎把公路車從歐洲帶進美國和亞洲，又把日本的平把輕快車從亞洲帶進歐洲跟美洲，近年來更在全球帶動電動助力自行車的新風潮。

為了協助消費者正確選購合適的車子，我們創建了「捷安特自行車世界」（Giant Cycling World）和「正確騎乘量身適配系統」（Ride Right Fitting System。編按：這是捷安特開發出來的概念，包含正確的車款、正確的尺寸、正確的騎乘姿勢與正確的技巧四大步驟），而且每家店都有騎乘俱樂部，指導騎車的技巧和安排實際的騎行體驗。（參見彩圖24、25）

為了推動自行車新文化，把臺灣打造成自行車島，我們成立了自行車新文化基金會，積極鼓吹並協助政府規畫自行車環島的1號公路線網，更成立捷安特旅行社，安排推動臺灣環島一周及海內外的各種騎遊活動。

近年來在臺灣，應政府之邀，我們開發了公共自行車及營運系統「YouBike微笑單車」，為都市交通提供了「最後一里路」的便利環保新選擇，深受民眾喜愛，從北到南將漸漸擴及全國。

此外，我們也向中國、日本、韓國及東南亞各國推展臺灣推動自行車新文化的經驗，協助他們建設一個對「自行車生活」友善的國家。

一步一腳印，我們持續打造「捷安特的世界」。希望透過自行車的世界，全球人類會更健康、生活更美好，我們唯一的地球媽媽會更美麗！

Chapter 2
上下之間
沒有正確共識和相處之道的問題

老闆很痛苦，對員工有許多不滿和期許；然而，員工也有許多無奈和苦水要吐！

有「人」的地方，就一定會有問題，再加上「事」，狀況就更複雜了。

一個組織最理想的規模，是人數用兩隻手就可以數出來的時候。

老闆帶著幾個兄弟為了共同的目標打拚，不分彼此，依長處分工、合作無間，有福同享、有難同當，那時的效率最高、成本最低。

但是隨著公司成長，人數開始多起來，管理階層變得複雜，這時，上下之間的問題就開始一一浮現了。

全球在地化更是凸顯、放大了這些問題，大幅增加組織運作和經營管理的困難。

老闆的痛苦

臺灣諺語說：「只有看到老闆在吃肉，沒有看到老闆被人揍。」

老闆表面看起來位高權重、光鮮亮麗、有名有利，十分令人羨慕。

其實，當一個好老闆是很辛苦的，不論是公司治理、經營策略、技術開發、生產製造、產品行銷、營運管理、組織人事、資金財務、法務公關、創造利潤、員工士氣等公司的大小事，都與老闆有關。

除了責任重、工作多，其實，**老闆主要的痛苦大多和人及組織相關**。

接下來，讓我們設身處地，站在老闆的立場體會一下，聽聽老闆的心聲。

人才在哪裡？

大家都知道人是公司最重要的資產，事在人為。每個老闆都希望自己的手下都是得力幹部，團隊堅強有戰鬥力。

但是，大多數老闆都會抱怨，為什麼底下都是奴才，不是人才？

為什麼在公司做了這麼多年，能力還是有限？

為什麼不主動、積極、認真？為什麼事事請示，忙死老闆？

你看別的公司人才濟濟，不斷進步成長，我們的人才在哪裡？

老闆願意授權，員工無法當責

隨著公司成長，老闆也明白不能事必躬親，必須授權。但是，你叫我怎麼授權得下去？

你有這個能力，有做過的經驗嗎？

你會經營管理嗎？你知道該怎麼做才對嗎？

有權力就要負責任，你們就不能更自動自發，自我管理、認真負責嗎？

你們不敢當責，又要叫我授權，我如何放心得下？

算了，還是我自己來做比較快。

唉，老闆真命苦！

組織運作不良

公司慢慢成長，我們的組織愈來愈複雜了，有這麼多機能部門，上下又有這麼多管理層。

雖然經營管理室推動了「目標管理」，每個月又稽核追查，加上每天有開不完的大小會議，可是仍然溝通不良，執

行起來問題層出不窮，效果不彰。

組織是變大了，人是變多了，成本更高了，但組織的實力和績效並沒有變強。

莫非我們是患了組織龐大症了！

上有政策，下有對策

每年要跟你們訂年度成長、降低成本、創新產品或管理改善的方針目標時，就好像要拔你們的牙齒一樣。

我要求高標挑戰，你們總是希望稍許進步就好。難道你們不知道公司必須成長嗎？怎麼總是挑一些不痛不癢、容易達成的目標來混日子呢？

還有，每次會議都講得很清楚，你們也都點頭了，但真的執行下去，你們總是上有政策，下有對策。說陽奉陰違是比較難聽，但你們總是說一套做一套，成果不好又永遠覺得你已經盡力了，如果做不成，千錯萬錯都是別人的錯！

真是拿你們沒辦法！

本位主義高牆

說過多少次了，公司是團隊作戰，必須同心一意、分工合作，贏取勝利。

為什麼你們個人主義這麼重，只有你好，別人都差，天天

勾心鬥角，開會時總是針鋒相對？為什麼各部門老是自掃門前雪，部門間好像有一堵無形的高牆，難道你們不知道團隊合作的重要性嗎？

為什麼不關心公司的目標和其他部門的需要，來協助大家成功呢？

觀念的落差

你們也跟我共事這麼多年了，很多重要理念每天聽我講、會議聽我念，私下也一直談：

顧客滿意的重要性。

品質是我們的生命。

成本是我們的血液。

持續改善才能生存。

沒有新產品的創新，我們就沒有未來。

要培育人才、不斷學習，提升每個人的知識和能力。

要分工合作，團隊作戰。

但是，為什麼你們好像總是有聽沒有懂、有懂沒有心呢？跟我的觀念距離還是那麼大，還是沒有真正的共識。

難道要我每天念嗎？要我念到什麼時候呢？

教育訓練都白費了嗎？

難道我沒有關心過你們嗎？難道我沒有提供教育訓練嗎？

每一次出現新的管理流行趨勢，例如：

品質管制、六個標準差、Just in Time 及時生產、目標管理、矩陣管理、平衡計分卡、績效管理、流程改造、ERP電腦化、CRM 顧客關係管理、藍海策略、地球是平的、突破性創新、AI 和 IoT、生產力 4.0、MBO、KPI、OKR、OGSM……

哪一次我不是都買了書，跟你們組讀書會共同研習，還送你們去參加研討會，甚至請顧問來指導？

這麼多東西，你們都學到哪裡去了？

口才愈來愈好，辯論愈來愈強，但是在經營管理實力和工作表現上，倒看不出有什麼真正的長進。

難道這麼多年的教育訓練都白費了嗎！

恨鐵不成鋼

靠著大家的努力，公司在過去幾十年裡打下堅實的基礎，但今後才是真正競爭的開始。

世局的轉變、新科技的進步、全球在地化的挑戰，使得公司在品牌、創新產品、線上線下通路、全球遠距管理等方面

都必須脫胎換骨、轉型升級。公司需要更多優秀的總經理，以及能獨當一面的專業人才。

再說，過幾年我也該退休了，誰來接我的棒呢？

我真是恨鐵不成鋼啊！

🔗 員工的無奈

老闆很痛苦，對員工有許多不滿和期許。

然而，員工也有許多無奈和苦水要吐！

讓我們轉換視角，改站在員工的立場，設身處地體會一下他們的心聲吧！

卡在中間，不上不下

大學畢業就進公司，不知不覺已經十幾、二十年了。我也一直很盡心盡力，希望公司有發展，自己也能有所成就。但是做了這麼久，始終在做類似的工作，雖然輪調過幾次，也僅止於相關的工作而已。

很想嘗試一些新挑戰來表現自己的潛能，但始終沒有機會；即使有機會，也沒辦法獲得老闆的信任。

隨著公司愈來愈大，我發現在每天的工作上，我的力量已經變成是「三分對外，七分對內」了，好累啊！

好不容易爬到現在的位置，想說應該終於可以在經營管理上有所發揮了吧，但現在的趨勢似乎反而變成，我們這群老幹部的經驗趕不上時代的變化，更沒辦法連結並跟上新科技快速發展的腳步。

我們這群曾經為公司付出青春努力打拚、忠誠苦幹的幹部，好像變成卡在中間不上不下，成了公司未來成長和變革的絆腳石，讓我們陷入充滿失落感和無力感的痛苦深淵。

明明我這麼努力學習上進、認真工作，怎麼會落得這個下場？我的未來、我的前途在哪裡？

老闆英明

老闆真的很能幹，有很多值得我們學習的地方。但有長有短，他也不可能事事英明，尤其在現場實務和競爭實況方面，說實話，我們比他了解多了。

然而，平常少有機會和老闆私下好好溝通，提出我們的看法和建議；而事情一旦拿到正式會議上，人多嘴雜、見仁見智，時間又短，最後總是老闆拍板定案。

明知不是最佳決策，但在公司決策組織運作的大帽子之下，只好硬著頭皮承接下來，不得不為……

有責無權

老闆常說，這件事就交給你全權負責了，如果做不好，唯你是問！

若從組織表來看，沒有錯，我是這個單位的主管或這個專案的主持人，應該是有充分權力，也應該負責的。

但是，老闆其實並沒有把決策和調動資源的權力真正給我。說是授權，其實主要只是要我按照他的意思去做而已，做得好是他的功勞，做不好我要完全負責。

多做多錯，少做少錯，不做不錯。我還是少自作聰明了，乖乖奉命行事吧！

部門主義高牆

在老闆面前，大家都高唱團隊合作，但私底下橫向溝通時，面對共同項目的推動，總是拖拖拉拉，常被打官腔。

需要其他部門協助、支援的時候，對方總是一副事不關己的冷漠態度，有時甚至見死不救、幸災樂禍。

各部門之間彷彿有一堵看不見的高牆，把公司切成一塊一塊的。

績效考核的重擔

公司十分重視管理，一切都要數據化、網格化。

任何一個案子從提案、計畫、執行進度、結案報告等都要有詳細的書面資料，占掉很多工作時間，常常必須加班完成。

公司也嚴格推動目標管理，訂定許多 KPI（Key Performance Indicator，關鍵績效指標），由管理幕僚單位每月追蹤，一發現有差異就咬住不放，反覆要求解釋、要求提出因應措施，好向老闆報告。

但幕僚大多是缺乏實務經驗、紙上談兵的人，要跟他們講清楚就很不容易了，而他們向上報告時，又往往只根據自己的看法和判斷，沒有抓到真正的重點，因此常發生誤導老闆的情況。

我並不反對管理的必要性，但是鉅細靡遺的 KPI 檢核真的把我壓到幾乎喘不過氣來。

此外，KPI 項目的選擇似乎也有問題。即使大家真的都把KPI 百分之百完成了，公司就會變得更好嗎？

能力及表現不被看見

為了公司的發展，我總是主動積極地想方設法；有些困難

度高、沒有人願意做的任務，我也都挺身而出接受挑戰。

可是到了打年度考績的時候，公司有複雜的考評制度，著重業績收益和 KPI 的達成，另外加上一些人事單位的考量。聰明的同事懂得占住好的單位，訂定四平八穩的 KPI，用盡心機做好向上管理，凸顯自己的表現，受到重用。

而像我這樣真正為公司打拚的傻子，做得不理想要負全責，做得好，上級或其他單位又紛紛來搶功沾光。這樣我的考績永遠平平，有功無賞，打破要賠。

我的能力及表現不被看見，無人賞識，拔擢晉升無望。

接受一堆教育訓練，卻無用武之地

公司真的很重視教育訓練。

我參加過許多讀書會，研讀過好幾十本管理新知相關書籍，也參加過十幾場外部顧問開的課程和工作坊。多年來自己覺得智識提升了很多，也能把各種經營管理理論談得頭頭是道，卻覺得滿心虛的，因為在目前的工作層次，用得到那些理論的機會，坦白講，不多。

雖然公司也安排我做了幾次部門輪調，但也僅是熟悉相關部門的工作而已。

經過多年的苦功，我似乎已經學完高明的屠龍劍法，但問題是：我從來沒有殺過一條龍！

外來和尚會念經

上次會議中，老闆發了很大的脾氣，也宣洩了他恨鐵不成鋼的痛苦心情，於是決定請獵人頭公司從外界物色優秀人才來擔任執行長。

但老闆你還記得五年前也做過一樣的事嗎？

那時找來的那位執行長擁有傲人的學經歷，在其他公司也曾有出色的表現。進來以後，他採取全新的理念和做法，也引進不少外界的人才。第一年，公司的確有成長；但兩年後，因為他對我們這個行業不了解，急功近利，又因為只重視他引進的新人，漸漸在公司內形成新舊兩派，彼此水火不容。

向老闆承諾的公司美好願景，他說得多、做得少，逐漸原形畢露，和老闆的衝突也愈來愈多。

老闆正煩心時，這位執行長卻突然宣布他已經接受另外一家公司的禮聘，一個月後就要離開本公司。老闆別無選擇，只好重新回鍋，親自擔任執行長。

老闆，那一幕猶在眼前，怎麼突然又要向外找人了？難道外來的和尚真的比較會念經？

老闆，看看我吧！你要的人就在身旁。我在這裡，請培養我、訓練我、重用我吧！

以上談到的這些上下之間的問題很普遍，不論公司大小或哪個行業，都可能面臨類似的問題。

教育訓練，「教」是教其所不知，「育」是培育其能力和技術，「訓練」則是透過實作體驗，磨練其真正的實力。

學習各方專家的更多經營管理新知是好的，對某個特定主題變得專業也是有幫助的。但是，學到的東西只是增加「**智識**」而已，智識必須實際去用、去做，才能變成「**經驗**」，而累積更多經驗，尤其是失敗的經驗，然後進化、深化，才能變成「**智慧**」和「**實力**」。

大多數認真努力經營的公司，其實都已經有相當不錯的營運組織、管理系統和忠誠努力的好員工，但遺憾的是，前述種種上下之間的問題仍然常常發生。上有上的痛苦，下有下的無奈，有趣的是，彼此所希望的居然一樣，只是**沒有正確的共識和相處之道**。換言之，**問題的癥結並不在一般的經營管理實務，而是在「領導統御」上。**

親愛的讀者，如果你的公司完全沒有本章談到的上下之間的問題，恭喜你，貴公司非常優秀，這本書你看到這裡就可以，不用再往下讀了。

然而，如果你覺得這些問題似曾相識，就請繼續耐心地看下去吧！

Chapter 3
全球在地化的學習
捷安特的遠距經營之道

總部不應高高在上,而是應該把顧客放在最上面,各分公司
在其下提供服務,總部則在最下方提供必要的支援,幫助分
公司完成各自的任務和使命。

    巨大從 1986 年在荷蘭成立第一家外國子公司開始,往後
幾年陸續成立了德國、英國、法國、義大利、美國、加拿
大、澳洲、日本等地的分公司。

    最先我們聽歐洲同事的。歐洲人很務實、忠誠,能獨立自
主運作,但各國人都有不同文化衍生出來的強烈個性和傳統
行事風格,基本上不太容易接受其他的管理新觀念。

    山地車成為主流後,我們開始改聽美國的。美式管理是一
整套專業系統,透過 SOP,大家都能很快地學習上手,分
工運作。但也因為可以隨時離開現職,輕易融入新的職場工
作,所以比較現實的騎驢找馬現象,也就不足為奇,而對公
司的忠誠及團隊合作的精神,就因人而異了。除此之外,還

有一個比較大的問題，就是美國人成本觀念相對淡薄，認為只要專業，就是要花大錢才行。

而我們因為在製造上師法豐田，又長期向日本買零件，以及有捷安特日本公司在現地經營市場和通路，所以也受日本很多影響。普遍來說，日本人聰敏好學，做事認真負責，尤其是有嚴格的自我改善要求，重視品質細節且恪守團體紀律。豐田生產系統能如此出類拔萃，就是植基於上述的日本人特色。

但特別重視團隊的反面，就是個人獨立性不高。所以有人說，三個日本人在一起，無人能敵，單獨一個日本人則不堪一擊。日本文化基本上非常尊重傳統、輩分和人際關係，所以百年老字號特別多，但商業和管理模式與時俱進的腳步就相對比較遲緩了。

臺灣人的特色則是拚、快、彈性大，但相對地，雖然好學，對品質和細節的重視、執著和耐心卻較為不足，是一種喜新厭舊的淺碟文化。

總之，各地的文化都不完美，各有優劣點，而且不見得適合我們公司的理念和需要。因此，我們從歐式、美式、日式等各種不同文化及各有優劣的經營方式中，學習、摸索、嘗試，漸漸理出一套我們自己的觀念和做法，再透過長期實證去蕪存菁，形成了目前「異中求同，同中求異」的 **Only One**

全球通用的經營管理之道。

❧ 「全球在地化」的經營方針

礙於各國語言文字不同，想要正確、清楚地向各個不同國家的同事傳達重要的觀念和道理，是很不容易的。透過一個特別的名詞、圖像或系統來說明，是比較可行的方法。

為了說明「全球在地化」，我在 1990 年把 Globalization（全球化）和 Localization（在地化）這兩個詞結合起來，新創了「GLOBALOCAL」這個字典裡沒有的字，來說明全球和地方「你中有我，我中有你」，彼此相輔相成的緊密關係。

Global Brand, Local Touch　全球品牌，各地接氣
Global Company, Local Root　全球企業，各地生根
Global Strategy, Local Performance　全球戰略，各地經營
Global Support, Local Success　全球協同，地方成功

品牌要全球化，必須有明確的定位、願景、使命、信念和文化，才能產生一致的形象，經過長時間累積，深入全世界的人心，得到所謂的「心占率」。若是任由各個國家自由

隨意表述，不但會混淆視聽，長期下來更會扼殺了品牌的生命。

但另一方面，世界各國的國情不同，市場進化的階段更有程度上的差異，並不能強迫全球做法一致，照單全收。所以，做到「內方外圓」，在維持全球品牌統一形象的同時，兼顧接地氣的彈性調整，是絕對必要的。

如果一家子公司完全聽從總公司的指示行事，那它只是在當地的一個**傀儡**而已；而總公司在千里之外，固然可以決定大的戰略方向，但絕對無法深入了解和滿足各地真正的需求。

子公司必須在各地生根，才能真正接上地氣，自主管理、每日澆灌，誠心提供有價值的產品和服務，與消費者建立長遠密切的信任關係，在那塊土地上成長茁壯，終於長成一棵百年的遮蔭大樹。

總部可以決定總體的長期戰略方向，也可以沙盤推演，擬定各項作戰計畫和目標，但最後的仗是在前線打的，打勝仗才是最重要的。總公司要求前線指揮官平時負責做好部隊的自主管理和訓練，作戰時依計行事，但同時也要充分授權指揮官依現場戰況緊急應變。

各個市場能充分滿足顧客需要才是最重要的。總部不應該高高在上，只是發號施令，而是應該**把顧客放在最上面**，各

分公司在其下提供服務，總部則在最下方提供必要的支援和協助，幫助分公司成功完成各自的任務和使命。

🔗 捷安特的全球遠距經營心法

各國子公司盡量由當地人才經營管理

我們把各國子公司定位成戰略事業單位（Strategic Business Unit ／ SBU），以凸顯它的獨立性和自主性。主要經營管理幹部原則上盡可能由各國當地人擔任，才能接地氣就地生根。

子公司雖小，但**必要的機能和制度必須具備齊全**，才能就地取材，在實際運作中培養出優秀可靠的人才和團隊。所有會計體系和財務完全透明化，年度財報必須經過世界知名的專業會計事務所簽證，以防弊端。此外，也聘用適當的律師，確保遵行當地相關法令。

一棵小樹種下去時，就把「根」顧好，假以時日，才有可能長成一棵健康茂盛的「大樹」。

追求「事簡人精」

不論在總部或戰略事業單位，我們都要求**事簡人精**，所以

希望管理愈簡單有效愈好。

「事」要先簡化，只做必要的事，如此「人」才能把力量花在刀口上；再把人培養訓練成「專業多功能」，可以快速彈性應變，才能在提高品質和效率的同時，降低成本。

多年前，我們公司一度在臺灣業務快速成長時決定擴大編制，召進了很多「需要」的人手；兩年後成長趨緩了，發現人浮於事，成本負擔重，覺得人事非精簡不可了，但詢問每個單位，大家都是工作繁重，忙得不可開交，人員數根本不可能減下來。

有一家日本顧問公司來找我們，保證一個月內可以精簡人力 20%，而且達不到就不收錢。我們半信半疑，便同意讓他們試試，看他們有什麼本事。

他們有兩個附帶條件，一是總經理必須全程親自參與，二是要承諾精簡下來的人不會被裁員，而是儲備作其他發展之用。我們答應了，因為我們希望的是打造事簡人精的強壯體質，裁員本來就不是我們的首要目標。

顧問集合所有幹部和員工，拜託大家齊心協力，幫助公司事簡人精，降低成本，並由我當眾承諾除了考績不合格的以外，不會裁掉任何一個人。員工們放心但茫然地參與了，連我在內，大家都拭目以待，看看會有什麼奇蹟出現。

顧問把工作分為四週。

第一週

　　顧問們分成七組，從總經理開始，會同相關幹部，實地詳細考察並診斷各主要機能。每天下午召開會議，報告他們的診斷，並開課教導管理的原理和改善實務。

第二週

　　‧**前三天**：顧問要求並協助所有機能單位把現有的工作全部一一列出。三天下來，看到堆積如山的清單，難怪大家忙得要死，還要經常加班，真是太辛苦了。

　　‧**第四天**：顧問先上課，給大家一個評分表，教導如何分辨有價值的工作和沒有價值的工作。

　　‧**第五天**：顧問分組協助各單位，依學到的方式把現有工作分成兩堆，一堆是有價值且非做不可的工作，另一堆則是沒價值或價值很少、不做也可以的工作。

　　‧**第六天**：各機能單位自己向管理階層報告分類結果，並估算去掉不用做的工作之後，可以節省多少人力。大家驚訝地發現，加總起來居然高達15%，可見我們忙得要死，卻做了許多不必要的白工。

第三週

‧**前五天**：顧問先上課教導工作品質和效率改善的原理、方法和工具，然後，以簡單化、標準化、同步化、系統化、自動化和電子表單化這六大原則和手法，協助幹部把留下來「非做不可」的工作一一檢討改進定案。

‧**第六天**：各機能單位向管理階層報告改善成果，並估算改進後可以精簡的人力。加總起來是 6%，加上第二週的15%，共為 21%，顧問已經達成、甚至超過設定的目標了。而且，透過這樣的實務運作，所有幹部和員工也上了一堂有錢難買的管理改善實務課程，讓大家不只是埋頭苦幹，而是知道 Why、What、How、How much 等個中道理。此外，顧問更有計畫地藉由這個過程觀察哪些是主動積極、有能力、熱心改善，又有點子、有創意的優秀人才，並提了一份名單給我，人數剛好就是員工數量的 21%。

第四週

顧問認為作業經過標準化、自動化等原則改善之後，只要由認真努力的員工來負責就可以了，因此建議把這 21% 較優秀的人才全部抽調出來。

‧**前五天**：聚集這些抽調出來的優秀人才，與總經理和高

階主管一起集思廣益，看看有什麼應該做但過去太忙而沒有做，以及對公司未來有新價值的業務可以挑戰。討論中產生了很多有建設性的意見，立刻分成專案小組深入探討定案。

・**第六天**：全員到齊，做結案報告。專案結束。

感謝這些優秀顧問的指導，讓我們對「事簡人精」有了全新的認識。

「目視化管理」最先是在生產現場使用。計畫目標、進度、物料及時化、品質等都清楚顯示，方便管理。

公司從新年度的策略規畫、方針目標、年度計畫、預算，到每個月的經營報告，都以電子化及目視化的管理方式進行。資訊和情報的目的，是顯示營運的進度或結果，並凸顯出必須給予協助或改善的地方。**必要的情報，在必要的時候，給必要的人，採取必要的行動**，其他資料其實都是多餘的。

此外，我們採用矩陣式的協同支援體系，活用總部相對豐富的資源，在地發揮強大戰力。

全球學習，找出最佳運作典範

歷史悠久的歐洲、現代商業世界盟主美國，以及後起之秀亞洲，對經營管理和商業模式都各有他們傳統演進而來的觀

念、習慣和做法。最開始我們是入境隨俗，讓各國分公司按照當地最有效的方法來做。

但是透過多年經驗的累積，我們開始推動一個「全球學習」的做法：如果某個國家的分公司在某一方面做得特別好，我們就把全世界的同事帶到那裡，由當地同事現身說法，以「三現」的精神——**現地、現物、現實**——來見習、商議、研討，並將最後的結論形成所謂的「Best Practice」，亦即最佳運作典範，並在全球公司參照推動實施。

這個最佳運作典範並不是歐洲式、美國式或臺灣式，而只是透過我們的實際運作驗證，發現這是到目前為止，我們所能找出的捷安特 Only One 最好的方法。

假如以後又發現更好的做法，我們將重新學習、驗證認可，然後立刻更新，與時俱進。

平時自主專業經營

每個戰略事業單位或機能單位都是一個「利潤責任中心」，被賦予自主經營管理的充分權力，也必須擔負起建立高效能團隊，提供專業產品和服務以滿足顧客，持續成長並創造合理利潤的責任。

經營管理的「小三 s」，是重要的觀念和手法。

- simplification：簡單化
- specialization：專業化
- standardization：標準化

透過 PDCA 這個循環式品質管理工具，持續改善，精益求精。

戰時協同合作創贏

現在是團隊作戰的時代，開發、製造、供應鏈、品牌、行銷、服務，即使每一個個體都能自主專業經營，但如果不能團隊合作、發揮整體有效戰力，是無法獲得最後勝利的。

協同合作的「大三 S」，是必要的觀念和方法。

- Strategy：戰略一致，目標一致
- Support：合作無間，相互支援
- Service：用心設想，助人成功

我很喜歡用日本早期的金鋼戰士動漫《六神合體》來形容。

平常頭、身、手、腳各自分開的時候，每一個都是由某一人掌控使用，各自行動的飛機、跑車、快艇、摩托車、卡車、裝甲車，「自主專業經營」。

但是當地球受到外來攻擊時，隊長一聲令下：「六神合體！」一瞬間，六個分開的個體迅速結合成一體，變成所向無敵、最強的宇宙金鋼戰士，「協同合作創贏」，消滅強敵，又一次成功拯救了地球。

幹部紅利分享

巨大的待遇在全球算是合理，但也不是特別高。不過，我們設計了很好的幹部紅利分享制度，大家一起朝共同的使命目標努力，也一起分享最後的成功果實。

對很多高級幹部而言，紅利分享遠遠超過薪水，甚至大家會說，與其到外面創業擔風險，不如在公司裡創業就好了。

紅利分享設計了合理的分紅比例和計算方式，沒有上限，但也沒有保底。所以，大家知道不能殺雞取卵，必須穩健成長，以長遠的眼光來經營；另一方面，人少分多，人多分少，如何打造高效能的精實團隊，自然也變成大家主動關切的問題。

巨大即將滿五十歲了，有幸在因緣際會之下，透過本章提及的一些觀念和做法，奠定了一些全球在地化經營的基礎。然而，一切沒有最好，只有更好，相信巨大會與時俱進、持續改善，繼續創建更好的自行車世界！

彩圖01　右邊是標哥，左邊是我

彩圖02　艾爾‧弗里茲

彩圖03　左起：標哥、法蘭克‧布里蘭多、我

彩圖04　紅武士

彩圖05　黑武士

彩圖06　火狐狸

彩圖07　黑老虎

彩圖08　雅典娜
【It's my pleasure｜我是榮幸】拍攝
（IG：@imp.jamie）

彩圖09　ATX

彩圖10 歐洲國際自行車展的「Liv」展館

彩圖11 「Liv」品牌世界發表會。左2：杜綉珍／右1：詹立慈／右2：周驊

彩圖12　左起：我的小兒子羅主為、太太吳春蘭、我　彩圖13　左起：我太太吳春蘭、我、小兒子羅主為

彩圖14　2008年A-Team自行車環臺成員合照

彩圖15
左起：馬諾羅‧塞斯
楊恩‧德克森
湯姆‧戴維斯

彩圖16
「ONCE」車隊的
TCR鋁合金公路跑車

TCR COMPOSITE TEAM ONCE

¥599,800
size:440mm weight:7.2kg (440mm)

彩圖17
「ONCE」車隊的
TCR碳纖維公路跑車

color:チームカラー　photo：440mm

彩圖18　衝線王馬塞爾‧基特爾騎PROPEL

彩圖19　計時賽冠軍湯姆‧杜穆蘭騎TRINITY

彩圖20　2017年環法賽爬山王（紅點衫）沃倫‧巴吉爾和衝刺王（綠衫）麥可‧馬修斯

彩圖21
2018年環法賽個人亞軍
湯姆‧杜穆蘭

彩圖22
2017年第一百屆環義賽個人總冠軍
湯姆‧杜穆蘭

彩圖23　Liv女子冠軍隊

彩圖24　捷安特自行車世界

彩圖25　正確騎乘量身適配系統

彩圖26　PROPEL

彩圖27　TCR

彩圖28　DEFY

彩圖29
臺北自行車展
A-Team展館

彩圖30
A-Team會員合照

彩圖31　A-Team環島合照

彩圖32　微笑單車YouBike

彩圖33　捷安特旅行社

彩圖34　我的環島騎行

彩圖35　島波海道國際自行車大會

彩圖36　島波海道騎行美景

彩圖37　「琵琶湖一周」騎行

彩圖38　「四國一周」完騎

彩圖39　愛媛縣中村知事頒「四國一周」完騎
證書「第一號」給我

彩圖40　在和歌山舉行的第一屆「日本縣、市、町全國
自行車大會」，我去做主題演講

彩圖41
雙電池、前輪馬達電動助力自行車
Expedition

彩圖42　捷安特電動助力、前後避震山地車

彩圖43　捷安特電動助力公路跑車

彩圖44　Liv電動助力平把公路車

彩圖45　日本傳統式的輕快車

彩圖46
捷安特日本的休閒運動輕快車
ESCAPE

彩圖47
自行車文化探索館落成典禮。
左起：汪家灝、劉湧昌、我、標哥、
杜綉珍、潘冀

彩圖48
自行車文化探索館落成，冠蓋雲集

彩圖49
左起：賴慧文、我、李書耕

彩圖50　主為環島車隊

彩圖51　親子環島。左起：我、我太太吳春蘭、主為

彩圖52　英勇的小騎士

彩圖53　征服「壽卡」

彩圖54　2011年捷安特全球總經理和核心經營幹部，自行車八日環島活動「騎遇福爾摩沙」

彩圖55
傳教士和教堂（東海大學路思義教堂）

彩圖56　一生的夥伴，標哥和我

彩圖57　傳承。
左起：我、劉湧昌、杜繡珍、標哥

彩圖58　2018年親友「追風騎士」
陪我完成第十次的「十勝環島」

彩圖59　孩子們。
左起：大為、俊為、貴丹、主為

彩圖60
2019年美國BPSA協會
頒「終身成就獎」給我
（第一次頒給外國人）

彩圖61　捷安特全球總部和自行車文化探索館

Chapter 4
TAET 雙三角法則
充分賦權＋主動當責

大家都知道團隊分工合作的重要性，卻往往忽略，「團隊角色扮演」才是良好團隊合作的成敗關鍵。

　　在第二章，我談了許多上下之間的問題，老闆的痛苦、員工的無奈。

　　而在第三章，巨大捷安特在數十年的全球在地化過程中，似乎相當程度地克服了這些問題。也許你會好奇，我們是怎麼做到的？

　　說實在話，在一般經營管理上，我們與其他公司的做法並沒有很大的不同；我們採用的一些管理實務工具，也大多是大家耳熟能詳的。如果說我們和別人真有什麼差別，可能是我們在領導統御這個課題上，有些不同的領會和做法吧！

　　接下來，就讓我們來探討有關領導統御的一些似是而非的觀念。此外，我還要跟大家介紹至為重要的「黃金正三角

形」，以及我爲了兼顧充分賦權與主動當責，在全球在地化實務工作中體會發明的祕密武器——TAET 雙三角形。

🔗 打造互信團隊的關鍵

老闆最聰明？

公司裡常常看見這樣的場景：大會議室裡，老闆十分生氣，痛罵與會人員一頓，「你們一個個都笨死了，這種事情用肚臍想都知道，你們居然不知道！」

等到氣終於消了一些，「想當年我……」就這樣又說了十分鐘，員工都默默低下頭假裝寫筆記，因爲這個英勇故事已經聽過不知多少遍了！

最後會議已經拖太長了，老闆只好交代：「你們幾個再開個專案檢討會，會後向我詳細報告。」

將帥無能，累死三軍。能當上老闆，能力一定有過人之處，經驗也比較豐富。

但是，誰最了解產品組裝工作？是現場工人，還是老闆？

誰最了解廠務？廠長，還是老闆？

誰最了解技術？開發長，還是老闆？

誰最懂得顧客？店員、店長，還是老闆？

誰最懂得市場競爭？業務負責人，還是老闆？

如果老闆事必躬親，以為自己最聰明，勢必成為公司的瓶頸。知道酒瓶的瓶頸在哪裡嗎？在上面。

老闆盡心竭力，忙死自己；部屬也唯唯諾諾，靜候聖裁。於是，公司決策行動緩慢，員工永不成材。

「夥計」還是「夥伴」？

對老闆而言，投資者或董事會成員當然是重要的經營夥伴。

但我想請問老闆，在你心中、在你眼裡，**你的員工是你的夥計，還是夥伴？**

如果是「夥計」，你的心態或許是：「老闆給你頭路、賞你飯吃，你要忠誠努力、感恩圖報才是；若不好好幹，公司不需要你了，回去吃自己吧！」

如果把員工當「夥伴」，那就不一樣了。你們彼此互信尊重，分享情報，各展所長，同謀大計，分工合作，相輔相成，團結努力，克服困難，達到共同的目標，有福同享，有難同當。

同樣的問題，也要來問問身為員工的人：**你是老闆的夥伴，還是夥計？**

人就怕被信任和尊重，所謂「士為知己者死」，人家把你

當夥伴，肯定你的長處和能力，幫助你持續成長進步，並期待你有更好的表現時，你會怎麼回應呢？

若是整個公司的團隊是一群有熱情、有共同使命感的夥伴，你能想像這個團隊的士氣和力量會有多大嗎？

領導者的工作其實很像大型客機的機長，他的任務是平安順利地把乘客載到選定的目的地。不過，機長當然無法一個人完成任務，他需要導航員、機械設備維護員、客艙內的空服員、地勤人員和空廚供應人員等團隊成員的分工合作。

請問，這些人是機長的夥計，還是夥伴呢？

領導者最重要的三件事

一個好的領導者，他的工作主要是**帶領夥伴團隊，結合必要的資源，去完成有意義的事**。他要率領大家朝正確的方向前進，以身作則努力奮鬥，達成共同的目標，並分享成果和成功的喜悅。

更具體來說，領導者最重要的是三件事：

一、判斷決定公司正確的戰略，並設定有挑戰性但可達成的目標。

二、透過實戰，培養優秀人才和建立堅強的作戰團隊。

三、協助大家達成目標，完成使命。

美國的微軟公司，在 Windows 作業系統的時代獨霸天下，引領全世界的資訊業；但近年來進入網通手機電商時代，只見 Apple、Google、Facebook、Amazon 各領風騷，微軟則幾乎像是從舞臺上消失了一樣。

後來他們任用印度裔的納德拉擔任執行長，結果短短幾年裡，微軟就重返舞臺，有令人驚豔的表現。

有雜誌專訪納德拉，希望知道他是怎麼做到的。

納德拉謙虛地答道：「我只是幫公司選擇集中，重新釐清未來的策略方向，重新組編對應的團隊，給他們資源，鼓勵他們朝成長去挑戰，我則在後面盡全力協助他們成功，如此而已。」

知道什麼是「好」老闆了吧？

冠軍團隊與一般團隊的差別

在夥伴關係的團隊裡，互信是非常重要的。有**互信**才能產生好的**默契**，才能完成高難度的演出。

每次看美國職業籃球 NBA 的比賽，看到好球隊球員之間的互信和默契、特殊狀況的臨機應變，以及球員和教練之間的互信和互動，讓人覺得真是訓練有素。

但是，冠軍球隊和一般球隊之間的差異，才更令人歎為觀止。

難怪有人說，**明星球員能幫助球隊打贏幾場比賽，但只有真正優秀的團隊作戰才能贏得總冠軍。**

希望別人信任你的時候，也必須確保自己是可以被人信任的。當同伴高拋一個空中接力球時，你能及時跑到那個位置、跳到那個高度，並且把球灌進籃框嗎？自身能力和技術的磨練和提升是理所當然的，但團隊反覆操練，直到變成本能的反射為止，才是成功演出的關鍵因素。

籃球隊是這樣，公司團隊也一樣，沒有信任和能被信任的互信，是無法呈現好的團隊合作、獲得勝利的。

適用於經營管理或人生的 黃金正三角形

所謂經營就是「做對的事」，所謂管理就是「用對的方法」，所以「經營管理」就是選擇「對」的人，用「對」的方法，把「對」的事情做好，並且持續改善，精益求精。

從層次上來說，**經營是「戰略」，管理是「戰術」，執行是「戰鬥」。**用圖 4-1 的「黃金正三角形」來表示，應可一目了然。

古埃及人用他們的智慧，創造了世界奇觀「金字塔」，歷經數千年，雖然表面有些腐蝕痕跡，卻強風吹不倒、暴雨

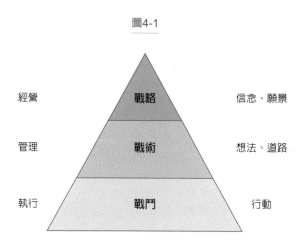

圖4-1

經營　　　　　　　　　戰略　　　　　　　信念、願景

管理　　　　　　　　　戰術　　　　　　　想法、道路

執行　　　　　　　　　戰鬥　　　　　　　行動

刷不掉、地震震不垮，依然聳立在大地上。因為，金字塔的「正四角錐」形狀是建築力學上最穩固的結構，而正四角錐的每一個側面都是一個正三角形。

在經營管理上，必須**先有正確的經營戰略，由戰略來領導戰術管理，再按照戰術去執行作戰。**以這樣的正三角形，才能根基穩固，由上而下依序連結，有條不紊，按部就班，完成共同的使命目標。

人生也一樣，必須先有正確的信念和願景，再導引出各種想法和計畫，然後據此展開具體的行動。以這樣的正三角形，人才不會徬徨、迷失方向，而能找出正確的道路，並在此道路上不屈不撓、永不放棄地前進，達到人生目標，成就

生命的意義。

正三角形，有如長江發源於高山，流經山谷、平原，最後入海，成就了一條滾滾長河。

反之，若是把正三角形倒過來，是完全無法穩定和持久的。你每天會爲了因應層出不窮的戰事，想方設法，疲於奔命，忙著解決問題。最後不論戰勝或戰敗，你也搞不清楚到底爲何而戰……

又有如天天下雨下個不停，水往低處流，最後淤塞在大水溝裡，汙臭不通。

不論經營管理或人生，穩固的正三角形是如此重要的寶物，所以我稱它爲「黃金正三角形」。

🔗 賦權與當責的拿捏

因爲有戰略、戰術、戰鬥三個層次，所以**賦權**與**當責**是絕對必要的。

常常聽到老闆對下屬說：「我完全授權給你，你要負全部的責任。」

但是在戰略層次，下屬能完全當責嗎？老闆就沒有責任嗎？會不會變成放任呢？

另外，說是完全授權了，但在戰術的選擇和戰鬥進行中，

若看到下屬的偏差或不足，哪個老闆能不插手？這個責任又該誰來負呢？

打高爾夫球，握杆是最基本、也是最重要的。握得太緊，會僵硬得無法揮出速度和力量；握得太鬆，又無法控制正確的擊球面和方向，球杆甚至會脫手飛出。高爾夫球名將阿諾對這個問題有很巧妙的形容，他說：「握杆就好比在雙掌之間握住一隻小鳥，握太緊了怕小鳥會死掉，握太鬆了又怕小鳥會飛掉。」運用之妙，存乎一心。

經營管理也一樣。管得太緊，組織的速度和力量出不來；管得太鬆，又怕放任組織發生重大錯誤。**授權和負責的適當點到底要如何拿捏**，實在是個很傷腦筋的問題。

✎ TAET 雙三角法則

大家都知道團隊分工合作（Teamwork）的重要性，卻往往忽略，**「團隊角色扮演」（Team play）才是良好團隊合作的成敗關鍵。**

被應該如何授權（Authorization）與負責（Responsibility），以及如何促進團隊分工合作困擾多年之後，我終於領悟到，不是要授權和負責，而是應該**賦權**（Empowerment）和**當責**（Accountability）才對。於是我創造了一個「雙三角形」，

來界定成員在團隊中扮演的角色。在巨大內部，大家稱這個圖形為「Tony's Team Play Chart」（前面提過，Tony 是我的英文名字）；而在這裡，我想把它正名為「**團隊當責賦權雙三角形**」（Team Accountability Empowerment Triangles ╱ **TAET**）。

如前所述，經營管理是由戰略、戰術、戰鬥三個層面組成的（如圖 4-2）。在圖的左上方寫上總部執行長，右下方寫上各國戰略事業單位的總經理，現在就來看看雙方如何扮演各自的角色、分工合作吧！

事業單位的總經理要能自主當責地經營該國的任務，必須有正確的戰略、可行有效的戰術，然後勇敢努力地執行作戰計畫，達成任務目標。但他需要確認他的戰略和目標是否正

圖4-2

總部執行長

戰略
戰術
戰鬥

事業單位總經理

確、是否符合總部的要求，而可被充分賦權。此外，他的戰術可能也需要總部及其他單位的配合協力，甚至在實際作戰時可能需要特別的支援，如此他才能擔當起總經理的責任。

而從執行長的角度來看，在充分賦權之前，他必須確認該事業單位的戰略是否正確且與全球戰略一致，具體目標是否符合他對該事業單位的期待或要求。此外，他也想了解總經理提出的戰術和具體作戰計畫是否有效可行，以及確保和其他相關單位的戰術目標充分連結。而對於總經理提出的任何希望執行長支援的事，他也非常樂意提供。

顯然，這個事業單位包含戰略、戰術、戰鬥的整個經營計畫，必須由總經理和執行長兩人共同協力才能完成。但要怎麼做呢？意見分歧時要聽誰的？成敗責任要怎麼分擔？

讓我們把圖 4-2 從右上角到左下角畫一條斜線，就變成兩個三角形了。

右邊那個正的三角形，是事業單位總經理最後要完成的戰略、戰術、戰鬥計畫。

左邊的倒三角形，是執行長要扮演的角色，來協助總經理完成他的正三角形。

在討論戰略時，因為總經理只能就該事業單位所在國的市場及競爭實況提出策略想法，只有執行長才擁有總部所有的情報，了解整體策略和公司的企圖心。

所以，最後戰略的決定，事業單位總經理占25%的分量，執行長占75%。

在共同討論戰術時，總經理和執行長各占50%。

至於戰鬥執行面，則是以事業單位為主，所以總經理占75%，執行長只占25%。

把這些百分比帶進去，就變成了完整的「TAET 雙三角形」（如圖 4-3）。

根據這樣的角色分工，兩人都必須具備專業能力，並且做足功課，互相信賴且能被對方信任，相輔相成，結合兩人的智慧和經驗，共同為該事業單位選定對的戰略，策畫對的戰術和作戰及支援計畫，並訂定共同的可行目標。

根據雙方共同完成的「TAET」，總經理可以被充分賦

圖4-3

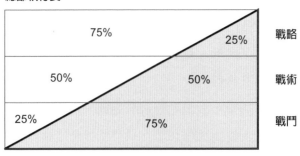

權，自主當責地經營管理。執行下來萬一不幸失敗了，**戰略上的錯誤，由執行長負責任；戰術上的錯誤，兩人共同負責；若戰略和戰術都對，但執行失敗了，則總經理要負責任。** 倘若經營環境突然發生重大變化，非修正原訂計畫不可時，則因為雙方對共同完成的 TAET 有充分了解，就可以很快討論出因應之道。

透過 TAET 這兩個三角形，賦權和當責都可明確地進行，通過團隊角色扮演做到有效的分工合作，並建立彼此的信心和團隊合作的精神。**在幫助事業單位順利成長、完成任務的同時，更重要的是，公司也訓練出了優秀的經營管理人才和團隊。**

TAET 活用範例 1：開創全新市場，做 Only One

1986 年，我們在荷蘭成立了捷安特歐洲公司（Giant Europe ∕ GE），一開始努力嘗試，希望推出高級公路跑車。但是，一個名不見經傳的公司想要和歐洲那些擁有百年歷史及賽事冠軍的名牌公司相爭，簡直是以卵擊石。

不得已，只好改進攻傳統的實用車市場。然而，歐洲各國的需求都不相同，開發製造非常不利，難以產生規模經濟。

而且，各國早已經有根深柢固的當地名牌和通路，市場上根本不需要另外一個牌子。因此前三年，捷安特歐洲公司高不成低不就，經營得十分辛苦。

1990 年，我和歐洲公司的李奧及楊恩在徹底走訪市場後，坐下來面對現實，檢討歐洲公司的未來。

我建議，既然打不過，不如就放棄歐洲原有的主流市場，開創全新的市場，做 Only One。

當時美國已經開始局部流行山地車，雖然還不成氣候，但我們已經掌握了開發及山地車必要的電焊製造技術，並深信未來這會是很重大的趨勢。然而，當時歐洲完全以傳統的銅焊工藝生產歐洲式的正統自行車，對於美國人拿來玩的山地車，歐洲的名牌認為是離經叛道的小眾，嗤之以鼻，完全不重視。

當我建議引進美國的山地車到歐洲販賣時，我們的總經理李奧哈哈大笑，認為絕不可行。

我問他為什麼，他說我們的主力市場在荷蘭，而荷蘭之所以叫作「Netherlands」，是因為這個字是「低於海平面的土地」的意思。全荷蘭都是平的，唯一的一座所謂的「山」，也只有八十七公尺高，誰會需要山地車？

經過多番討論，最後在我的堅持下，仍決定以山地車為主軸，建立「Only One 美式品牌」這個基本戰略。而戰術上，

我們要開發「有歐洲特色的山地車」，以美國山地車堅固而粗獷的車架造型，搭配粗壯的輪胎和前叉避震功能，但改良騎乘的車架幾何，並設計各種日常使用的置物架、車燈、車鎖、停車架等附加選擇。

換言之，我們要開發一輛全功能、全地形、全路面的全新自行車，輕量、加速性快又好騎，讓年輕學生及大眾平日可以作爲通學或短程代步用，假日又可以在沙子或石頭路面、甚至在樹林的林道上盡情休閒玩樂。

至於作戰計畫，我們選擇荷蘭和德國爲主戰場。在荷蘭以我們原有的自行車通路爲主，在德國則與擁有五百家結盟自行車店的 ZEG 合作，以求速效。

當時我對李奧和楊恩說，戰略方向的成敗我負全責，請相信我的決斷；楊恩和臺灣的開發部門成立專案，迅速開發有歐洲特色的山地車；李奧則在通路及行銷方面提前部署。大家分工合作，盡力而爲。

半年後，新產品推出大熱賣，轟動了整個市場，造成流行新趨勢，供不應求。

由於歐洲廠家措手不及，直到兩年後才陸續跟上，這提供了捷安特建立品牌，以及在歐洲各國快速崛起的良機。

這波由我們帶動的新熱潮足足延續了八年之久，也給了捷安特黃金八年和豐厚的利潤，奠定良好的基礎。

在那時候，我們還沒有所謂 TAET 的觀念，只是很自然地這樣進行了。

現在回顧，當時的分工可以歸納成下面的圖 4-4。

圖4-4

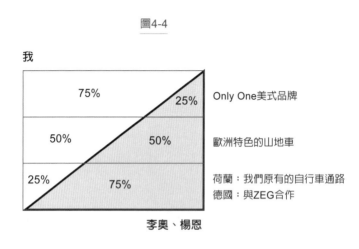

TAET 活用範例 2：
找出可行商業模式，成為經營藍本

1991 年，我們成立了澳洲子公司（Giant Australia／GA）。

這是一個人口少的國家，自行車產業和市場與美國及歐洲相比較爲落後。

當時，我們在歐洲的高級車通路打不開，而在美國因爲必

須彌補 OEM 失去的量，不得不集中在中下級的主流市場，以求快速成長。然而，這對品牌長期的定位和未來想推高級車而言是不利的，我們之後也為此在美國市場付出了慘痛的代價。

世界級的名牌，不論是美國或歐洲各國品牌，都一定有很大、很好的本國市場，提供足夠的養分和規模，讓他們能一步一步地長期累積績效，育成優良的產品和品牌。

而捷安特的本國市場臺灣，當時不但市場小，而且還處在自行車生活的入門階段而已。母市場不給力，歐美市場又被迫只能打局部的生存戰，是我們面臨的最大困境。

澳洲公司剛開始也只是賣和美國市場一樣的休閒代步用車。但從 1995 年開始，我們策略性地決定把澳洲當成我們的母市場看待，想要依我們自己的想法進行全方位的實驗和經營，找出正確可行的商業模式，作為我們未來在西方先進國家經營的藍本和示範模型。

我們的策略是有道理的。在歐洲和美國這種各名牌的母市場，想要分一杯羹，一定會受到敵我實力懸殊的頑強壓制，難越雷池一步；但在澳洲，由於市場小、重要性低，又處在偏遠的南半球，所以歐美名牌基本上是不重視的，大多交給代理商做生意而已。而臺灣離澳洲近，又只有兩小時的時差，我們在那裡偷偷練兵也不會引起太多人注意。如果我們

能投入相對大量的資源和努力，以上馭對下馭，成功也不無可能。

澳洲公司的總經理葛雷姆・威斯特（Graeme West）是財務稽核出身，管理能力非常強，但對產品及市場行銷的了解僅止於澳洲經驗而已。所以，我全人全心投入，和他一起研究戰略和戰術，並且一起戰鬥。初期談不上什麼授權，也還沒有研發出 TAET 這項工具。

澳洲地廣人稀，人口集中在幾個城市。在自行車方面，原有的製造廠都已式微，被進口車取代，傳統的幾個名牌都被一些大集團併購過，失去原有的光榮和活力；產品以童車和一般休閒代步車為主，大同小異；銷售通路多元，自行車店、運動用品連鎖店、百貨超市、汽車商品店和郵購直送都有，沒有品牌忠誠度，價格混亂，是個典型惡性競爭、無利可圖的黃昏產業。

葛雷姆和我經過兩年的調研、嘗試，最後在 1995 年大膽定下一個十年計畫：

一、澳洲公司從單純做生意的銷售公司，轉型成為自主經營品牌通路的公司，十年內把捷安特打造成澳洲專業自行車的領導品牌。

二、撤出百貨量販店及運動用品店，只集中賣給有水準的

自行車店,並提供顧客滿意的服務。最終完成兩百家「捷安特零售夥伴」(Giant Retailing Partner / GRP)。

三、引進輕鋁合金及碳纖維的歐洲高級公路車和美國高級雙避震山地車。不管販賣數量有多小,推出全系列的 PSI 產品(Performance / Sports / Innovative lifestyle,競技挑戰 / 運動健身 / 品味休閒),提供消費者完整的自行車解決方案。

經過兩年的試營運,我把這個計畫納入圖 4-5 這個 TAET 雙三角,從此正式充分賦權給葛雷姆去自主經營。

捷安特澳洲公司在團隊努力下,不負眾望,到了 2005 年已經成為澳洲的領導品牌,並建立了扎實的通路和顧客基

圖4-5

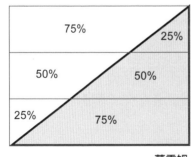

我

75%	25%	捷安特澳洲公司轉型成為品牌市場公司 捷安特成為專業市場領導品牌
50%	50%	全系列PSI產品 建構GRP通路
25%	75%	改變行銷方式 調整改變通路

葛雷姆

礎，每年成長，穩定獲利。即使後來歐美名牌看到捷安特的成功，紛紛跟進來設公司，積極進攻澳洲市場，也已難撼動我們的領先地位。

澳洲公司的成功，對捷安特的全球經營起了決定性的示範作用，證明**來自臺灣的後起品牌可以在先進的西方市場獲得全面勝利**，大大增加了團隊的信心，並開始向自己發出挑戰：「澳洲公司能，為什麼我不能？」尤其是同為英語系國家的加拿大和英國立刻起而效法，現在也都成為該國的領導品牌。連被初期品牌定位拖累的捷安特美國公司，身處全球競爭最激烈的美國市場，我們也一步一步努力，終能邁入三大品牌之一，持續穩健地成長。

有兩件事值得一提。

1997 年依據 TAET 充分賦權給葛雷姆之後，澳洲公司表現不錯，我也就去忙別的市場和總部的工作了。

若干年後我再去看他們，他們到機場接機後，一如往常先帶我走訪市場，看各地的店。最後一天回到他們新的辦公室，我向他們致歉：「真不好意思，有四年沒來關心你們了！」葛雷姆問我：「這間新辦公室你有來過嗎？」我答道：「沒有。」他說：「我們搬來這裡已經八年了！」

我急中生智，說出一段名言：「我今天來看你們，是因為

我關心你們；我八年沒來看你們，是因爲我信任你們。」事實上，也的確如此。

第二件事情是，2014 年，葛雷姆因爲隔年就要屆齡退休了，於是提拔在澳洲公司服務多年、從業務員做起的年輕行銷經理達倫‧盧瑟福（Darren Rutherford）來接任。當時許多人擔心達倫只懂營業不會經營管理，但因爲葛雷姆一直以來也都是用 TAET 來訓練教導他，達倫很快就上手了，不但順利接班，而且表現得十分亮眼。

✤ TAET 活用範例 3：
改變英國人對自行車騎乘的觀念

我們的捷安特英國公司（Giant UK／GUK）是在 1988 年由歐洲總部成立的，由李奧過去任職的英國自行車公司的同事提姆（Tim）擔任總經理。提姆對傳統業界、產品和通路都非常熟悉，但也因此難免較爲守舊、一成不變。

英國市場與荷蘭及德國大不相同。荷蘭 80% 是被稱爲「荷蘭車」（Dutch bike）的城市車，德國 50% 是城市車、30% 是旅行車，而英國很少有用自行車通勤的，自行車市場主要是童車及平把手的三速或多段變速休閒用車。

捷安特歐洲公司開發的產品主要以荷蘭及德國爲主，對英

國並不合適，即使是後來風靡歐洲大陸的歐式山地車，在英國也沒有產生很大的迴響，最後只好引進捷安特美國公司的幾款入門車作為主力車種。在美國流行山地車下坡賽時，英國因為出了一位世界冠軍選手，所以捷安特英國公司有賣出一些高級山地車，但數量很少。

多年來，英國公司的銷售始終不見成長，在節省成本的努力之下，每一年都小虧一些。每年在歐洲總部舉行年度業績檢討會時，提姆上臺永遠帶著一把黑色雨傘，以英國式的幽默說明業績不好是因為英國老是下雨，令我印象深刻，難以忘懷。

到了 2000 年，在歐洲風行八年的山地車榮景已近尾聲，捷安特歐洲公司從非常賺錢、到小賺、到開始進入賠錢的可怕階段，非得改弦更張、砍掉重練不可了。

2001 年，我們把歐洲總部虛級化，歐洲所有子公司，包括荷蘭、德國、英國、法國、波蘭全部自主專業經營，直接向臺灣總公司報告。然後，以澳洲公司的經驗為藍本，全面推動 PSI 產品的完整自行車解決方案，並強化與捷安特零售夥伴的關係。

而在英國公司，我們決定進行大幅度的組織改造，提拔一名專業自行車店店員出身、後來進入公司擔任業務代表和行銷經理的年輕人伊恩‧比桑特（Ian Beasant）出任總經理，

引進 PSI 新產品積極行銷。在新團隊的努力下，業務頗有成長，也轉虧爲盈，可是有一個問題：成長還是集中在中下級的車子，中高級的公路跑車仍無法突破。

爲什麼在澳洲賣得很好的碳纖維公路跑車 TCR，來到同文同種的英國卻推不動呢？伊恩、集團銷售長古金海和我花了很多天跑遍全英國，用心討論找答案，結果被我們發現了幾個原因：

一、澳洲人運動風氣很盛，重視身材和健康，喜歡親身體驗參與各項強力的專業運動，像 TCR Carbon 這種又輕又強，輕易可騎一、兩百公里，又適合翻山越嶺的全能車，正中下懷。而英國人喜歡觀賞足球、網球、高爾夫球等運動，騎自行車則以所謂的運動健身爲目的，在城市裡或郊區騎個一、二十公里休閒逍遙一下，再配上一杯冰啤酒，就是人生一大享受了！換言之，英國大眾仍停留在把自行車當移動工具的「Biking」階段，尚未與時俱進到成爲一種生活方式的「Cycling」境界。是英國人不會喜歡 Cycling、不會喜歡自行車騎乘嗎？不是的，只不過是心中根深柢固的觀念作祟，以及沒有機會去嘗試、體驗而已！

二、賣捷安特車的店老闆和店員，生活中大多也只是把自行車用作運動健身或移動工具，自己沒有體驗過好的跑車和

自行車騎乘，要怎麼向顧客推薦或說服他們買公路跑車？一家很支持我們的店在我去拜訪時，特別指出高掛在正中牆上的 TCR Carbon，表示他對捷安特的重視和支持，但很遺憾地還沒成交一輛。看到連透明包裝紙都沒拆的全新車子，我問他為什麼不把包裝拆掉，他說怕弄髒了這麼高級的車，而高掛牆上也是怕客人隨手亂摸。我問他，如果客人有興趣，可以試騎嗎？他說一輛 2000 英鎊的車怎麼可以給人隨便騎。問題是：客人沒有機會試騎體驗，又怎麼知道這輛車的好呢？真是一個雞生蛋、蛋生雞的問題。

三、最後我問伊恩：「你自己騎過嗎？」他說：「有，我有騎過樣品車。」我再問：「騎多遠？」他答道：「在公司附近稍微轉轉。」我又問：「公司其他同事呢？」他說：「因為只有一輛樣品車，要展示用的，所以不能給他們騎。」我再追問：「為什麼不多買幾輛樣品車呢？」他的回答是：「英國公司還很小，預算有限，這麼貴的車負擔不起！」

綜合以上原因，很明顯地，雖然在英國自行車展花錢做了特別展示，業務人員也非常認真地推銷，有些店也願意進貨試試，但銷售實績仍然很差，原因實際上只有一個──**體驗**！

伊恩、古金海和我三個人坐下來，認真討論對策，這是我

第一次正式使用「TAET」。戰略上由我主導，決定必須將公路車銷售金額的比率，從目前的 5% 提升到 15% 以上；戰術則分兩方面：產品和體驗。

捷安特最出名的公路跑車「TCR」，是環法大賽的冠軍車，是為頂尖選手的比賽設計的。其車架幾何角度的配置，可以讓選手彎身下腰、重心前傾，產生更大的功率和踩踏效率。

但對不常運動或較胖的人來說，這樣子的騎乘姿勢是滿辛苦的。我對這點有很深的體會，因為我多年來一直有下背脊椎腰痛的問題，所以我把 TCR 的上管縮短、車頭管加長，使得車頭提高，再配上能加速施力的平把，為自己開發了一輛「FCR」平把公路車，騎起來很舒服，騎長距離也不累，在臺灣上市後也受到很多人的喜愛。

英國人的體型大多高大略胖，想要他們從 Biking 階段升級轉換到 Cycling 境界，TCR 對大多數人來說是懲罰大於樂趣的。更何況，大部分人並不是想參加比賽拿名次，只是單純想運動健身、享受騎車的樂趣而已。

我靈機一動：如果以 FCR 的概念為基礎，轉換成彎把跑車，再把車架設計成略有彈性可以吸震，那就能讓一般人輕鬆上手，在高速但舒服地享受以公路車御風而行的同時，又可達到運動健身的效果，不是很好嗎？

伊恩也覺得如果眞有這樣的車，他自己也會非常想要買一輛。於是我立刻成立專案來開發，專案名稱定爲「Comfort Road」（舒適公路車）；後來接受行銷的建議，命名爲「DEFY」，在英國市場正式推出上市。

　　體驗方面，伊恩提出很好的建議：捷安特不再參加英國展，改由自己舉辦「經銷商大會」，精選有公路車販賣和服務潛力的自行車店，進行誠懇深度的溝通和試騎體驗。但他有經費和專業知識上的困難，需要總部支持。我立刻同意第一次大會的費用全部由總部負擔，並且免費提供三十輛DEFY碳纖維跑車供體驗試騎之用；專業知識方面，則由總部派人參與、協助。

　　這整個對策的 TAET 雙三角，如圖 4-6。

　　2005 年，我們在英國中部靠山邊的知名高爾夫俱樂部及度假中心舉行了爲期七天的「VIP 經銷商大會」。

　　每天只邀請十五位經銷商，下午五點半報到入住，七點吃晚餐和交誼。

　　第二天上午八點到中午十二點進行四場發表會：

　　第一場由伊恩報告英國市場、產品趨勢和捷安特英國公司的概況。

　　第二場由我報告捷安特品牌在全世界的表現。

　　第三場由英國公司的產品經理、總部的行銷經理及 DEFY

圖4-6

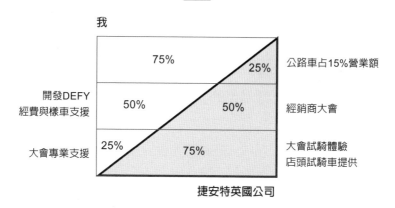

的設計工程師解說產品和推廣計畫。

第四場由碳纖維專家翁博士介紹講解碳纖維的特性、研發、製程、品質保證等。

午餐過後，下午一點到兩點四十五分由英國公司同事引導，用DEFY進行約五十公里的平路及丘陵山路騎乘體驗，三點到四點半由業務同仁進行商務洽談，五點歡送客人退房，五點半下一批客人報到。

七天下來，主講者聲音都沙啞了，英國公司的同事也累翻了，但是來參加的經銷商都覺得備受尊重，學習到很多知識和情報，更重要的是，他們騎過後都愛上了DEFY，迫不及待要回去把這麼好的車推薦給他們的客人。而且根據這次的

體驗，他們要求捷安特英國公司以特價提供試騎車給每一家店，以利他們為客人提供試騎體驗。

2005年度，DEFY熱銷到供不應求，占營業額超過25%。

之後，捷安特英國公司每年都自辦年度大會；幾年後，公路車整體已經占了超過一半的營業額，捷安特也成為英國市場的領導品牌。

我們也把英國公司的「經銷商大會」成功經驗當作最佳運作典範，在全球各國市場如法炮製。

從此，捷安特英國公司順利穩健地成長獲利，但五年後開始碰到新的瓶頸——**通路**。

英國的自行車歷史已經超過兩百年了，許多老店都已經傳了好幾代，大部分的店還是保持老式的環境和經營方式。在成本高漲的現實下，都會地區的老自行車店大多關門了，取而代之的是量販折扣連鎖店或運動用品店，這些店都同時經銷許多品牌，不可能特別重視哪個特定牌子，所以並不適合我們的長期經營策略。漸漸地，我們發現捷安特在都會區愈來愈難找到能配合的好自行車店。

2010年，伊恩提出「捷安特品牌店」的想法，要在各主要城市設立由捷安特英國公司設計施工、融入地方文化景觀特色的店，然後由經銷商夥伴擁有和經營，捷安特英國公司在後面支援他們。因為是品牌店，規模和品質水準必須

夠大、夠高，所以投資一定所費不貲，經營上也有不小的風險。我們決定先從第一家試起，我、伊恩和古金海親身投入選人、選址、設計、開幕、PDCA 檢討等工作。綜合了成敗的經驗，2012 年才正式展開品牌店計畫。

下面的圖 4-7 和以前由我主導不同，從戰略到戰術其實都是伊恩提出的，我只是參與確認方向是否正確而已。所以，圖中關於戰略的 75%，代表的其實是**我認可這個戰略，並願意負主要責任**。

捷安特品牌店的計畫進行得相當順利成功，目前在倫敦及英國各主要城市有二十幾家這樣的店，對品牌的提升和市場占有率都有很大的貢獻。

過去我們只在臺灣和中國大陸有「捷安特自行車專賣

圖4-7

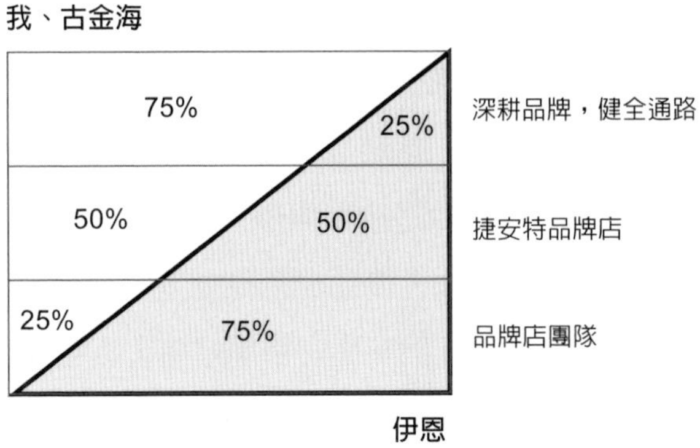

店」，而且由於都市街道的結構，大多是比較小、投資不會太大的店面；至於在國際市場，則是賣給販售多品牌的獨立自行車專賣店。英國公司這個捷安特品牌店成功的經驗，證明了捷安特專賣店在西方先進市場也是可行且必要的。

之後，各國分公司紛紛效法，開設捷安特品牌店。目前在臺灣和大陸之外的國家，GIANT／Liv 專賣店已經超過兩百五十家，而且持續發展中。

經過前面的各項挑戰，伊恩的實力愈來愈強，不但是各國分公司總經理的標竿，更已成為全集團經營管理的重要人物，為我們的全球在地化做出關鍵性的貢獻。

古金海是 TAET 的忠實信徒，大概也是最大的受益者。他是馬來西亞華僑，本來是在外商銀行工作，進巨大後先在財務部門，後來調去做稽核，是個一板一眼、認真不苟的人。

我們開始進行全球在地化時，因為他英文好、國際適應力強，就請他來擔任我的左右手，負責品牌事業和分公司的管理。幾十年來，他與我聯手，無役不與，從前面舉例的澳洲和英國公司的改造中共同學習了 TAET 的心法和實務。之後，他活用 TAET，協助法國總經理傑宏·沙尼翁（Jérôme Chagnon）開設八十家捷安特加盟店，支援當時的日本總經理李瑞發開設十家直營店，讓捷安特日本公司轉虧為盈，

教導並訓練德國總經理奧利佛‧亨舍（Oliver Hensche）推展捷安特自行車世界，以及支援美國總經理約翰‧湯普森（John Thompson）重新改造美國市場的品牌和通路，都得到很好的效果。

如今，古金海是我們的全球銷售長，並身兼加拿大、義大利和韓國的總經理，往往一年有半年在國外飛來飛去。而2020年因為新冠疫情，雖然無法出國，靠著他和各國總經理之間透過TAET長期打下的明確溝通和互信的基礎，依然可以從容不迫、指揮若定。

✎ TAET 活用範例 4：打造公路車的世界

從1997年的TCR，到2005年的DEFY，捷安特一步一步透過環法、環義、環西三大職業賽的洗禮和淬鍊，在專業競技公路車領域逐漸受到市場和專業人士的肯定，成為知名品牌之一。

騎車的人都知道，自行車有兩個天敵，一個是爬山的坡度帶來的地心引力，另外一個就是迎面強風帶來的阻力。進入2010年，市場繼續進化，開始關注「風阻」。市面上雖然有許多小品牌開始嘗試各式各樣的設計，但大部分都停留在

把圓管改成水滴管，或車頭加裝破風鼻頭、車尾加裝擾流翼等，效果有限又增加重量。

捷安特在 1998 年就看到空氣力學的重要性，所以開發長張盛昌成立了空氣力學車的專案，結合各國的產品企畫、行銷、工程技術專才和選手，希望可以開發出空氣力學車，在 2000 年上市。不過，大家眾說紛紜，市場上又沒有主流產品可以參考，雖然提了很多方案，試做了很多產品，還是有如瞎子摸象，不得其門而入。

記得在 2001 年底，在歐洲自行車展結束後依例舉行的次年度新產品定案會議上，我們針對提案的「空力車」討論好幾個小時，一方面覺得沒有什麼真正的突破，另一方面又覺得拖延了這麼久，我們已經落後市場了，有總比沒有好，先推出上市再說吧！

中場休息時，我和張盛昌到一邊去討論，認為要做就要做好，不然寧可不做。回到會議中，我當場宣布空力車計畫取消，大家為之譁然！

張盛昌是個創新開發的鬼才，之前不管我給他任何艱難的題目，他總是有辦法達成任務，這次取消空力車計畫是他唯一的重大挫敗，心有不甘。回到臺灣，他立刻找我，希望重新成立專案，並且要求我必須親自參加。

他表示，這次的失敗究其原因，並不是技術能力的問題，

而是大家無法界定我們到底要什麼，以及什麼才是對的、什麼才是真正對騎士有意義和價值的。他堅持要我參加，因為從過去開發 TCR 和 DEFY 的經驗來看，他發現我雖然不很懂技術，卻很會「出題目」。那時他用挑戰的口吻，豪氣干雲地大聲喊出他的名言：「只要你能給我清楚的題目，我就一定能給你正確的解答！」這句話令我永生難忘！

看著他熱情洋溢、絕不放棄的堅定目光和神情，我緊握他的雙手，欣然接下他的「戰書」。

自行車歷史有兩百多年，連自行車專業競賽的殿堂環法大賽都已經有一百年了。英國、法國、義大利的名家推出許多經典名車，成為業界公認的標準，多年來公路跑車的設計，全世界品牌大多是參考這些標準，頂多做些局部細節的改良，或造型及性能的改進而已，很難有特別的突破。

過去我們的 TCR 能一戰成名，是因為我體會到要贏得環法大賽，關鍵在阿爾卑斯山的爬山賽程，所以突破傳統，把山地車的壓縮車架應用到公路車上；而 DEFY 之所以能受到許多人的喜愛，也是因為不受傳統的拘束，創造出舒適好騎的公路車。換言之，**只有回到原點去思考探索，才有突破創新的可能。**

所以，張盛昌和我相約以三個月為期，他以自行車科學的角度，從「車輪為什麼一定要是圓的」開始，質疑至今為止

所有的設計理論和技術，希望可以找出並界定「什麼才是真正好的公路車」。

我則帶著「對騎公路車的人而言，到底什麼才是有意義的、有好處的？」這個問題，一一去請教世界各地的選手、騎士、專業店、專業媒體達人等，希望能出個「清楚明確的題目」給張盛昌。

我們也有一個 TAET 的默契，「除非能找到正確清楚的戰略，否則戰術和戰鬥是沒有意義的」；換言之，這個專案就不應該被成立。

張盛昌動作很快，他把自行車科學的架構整理得很完整，並且讓整個開發部門動起來，分別指派負責的區塊、品項，釐清許多似是而非的命題，並有計畫地探求真解；而他自己更在法國物色到一家擁有多年飛機和汽車測試經驗、小卻專精的風洞實驗室，建立協同研發的密切夥伴關係。

我這邊倒是沒什麼真正的進展，去請教的人大多還是在原來的窠臼中打滾，沒有人能給我一些突破性、建設性的意見。我在美國旅行，眼見三個月的約期很快就要到了，心中充滿失落和無力感，不知道回去要如何給信任我的張盛昌交代。

旅行的最後一站，回到加州的美國公司。我和負責全球行銷的 An Le 談到我拜訪許多捷安特店發現的新問題：我們每

年都努力推出很多新車種，經年累月，不知不覺已經有幾百種產品了，店面空間有限，不知如何陳列；碰到不那麼專業的客人來到店裡只是要買一輛車的時候，也不知道如何協助顧客選購真正適合他們需要的自行車。

我很喜歡和 An 討論我的一些未成熟、成形的隨興想法，因為我們兩個人的特質相輔相成：我喜歡天馬行空，許多點子在腦海裡自然醞釀；An 則是邏輯非常清楚，用字遣詞精準到位。

我和他談起我的新構想「捷安特自行車世界」，認為如果能把所有車種依使用目的和地形（公路、山林或跨界），以及騎士想要達到的水準和程度（競賽、運動或休閒代步）分門別類，用圖來表示，應該就很容易懂、很容易選擇了。我邊說，An 邊在白板上畫，不一會兒，「捷安特自行車世界」的九宮格就形成了（參見彩圖 24）。An 很喜歡這個工具，認為不管是協助顧客選車、店面陳列行銷，甚至商品企畫開發都很好用。

他順便聊起他在推廣公路跑車時碰到的一個困境。以前只有 TCR 的時候，明星只有一個，很聚焦；當他全力推 DEFY 時，大家喜新厭舊，DEFY 的銷量上去了，TCR 卻下來了。所以他在煩惱，以後如果推出空氣力學車，愈是強調空力車好，是不是會讓人誤以為 TCR 和 DEFY 比較差或過

時了，而影響銷售呢？

如果能像「捷安特自行車世界」這樣就好了！

哎呀，真是一語驚醒夢中人！

回到臺灣，我立刻找張盛昌來辦公室，在白板上畫了「公路跑車的世界」（如圖4-8）。

不管什麼樣的公路跑車，車架的輕量、強固和高踩踏效率都是必要條件，但依使用者的目的和需要，可以特別強調爬坡性能、低風阻係數或舒適耐騎；換言之，沒有所謂哪一輛車最好，而是在那個需要、那個目的裡，它是最合適的。

張盛昌眼睛發亮地喊道：「找到了，這夠清楚了！而且不只解決了空力車的命題，還一箭三鵰地釐清所有公路車的定義問題。」

圖4-8

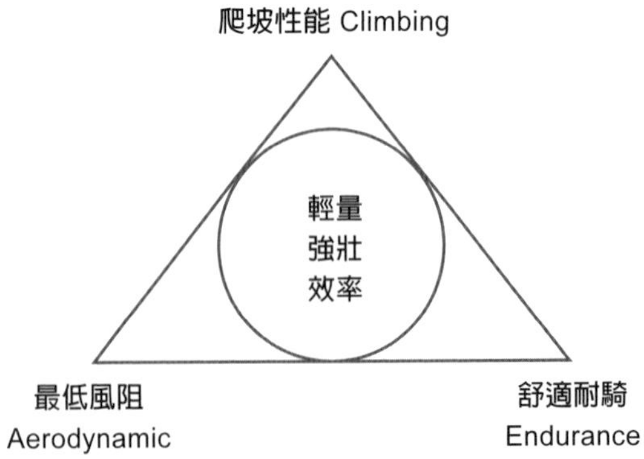

爬坡性能 Climbing

輕量
強壯
效率

最低風阻
Aerodynamic

舒適耐騎
Endurance

他立刻成立新的空力車專案，從自行車的科學出發，由人車一體的風洞試驗著手，歷時十五個月，前後開發測試了八十八個版本，終於找出設計的最佳組合。成品命名為「PROPEL」（推進器），於 2013 年秋季正式問世，一推出就造成轟動，被世界各國的專業雜誌一致肯定、推崇，譽為「地表最快的空氣力學公路跑車」，把捷安特品牌推向最高殿堂的地位。而難能可貴的是，在 PROPEL 全球熱賣的當下，居然也帶動了「公路跑車三劍客」另外兩個成員 TCR 和 DEFY 的銷售同步成長。

這整個空力車專案的 TAET 雙三角，如圖 4-9。

圖4-9

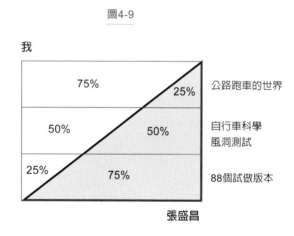

🚴 TAET 活用範例 5：
取得產品的世界話語權

成功開發 PROPEL 之後，我們面臨如何行銷的問題。我們挑戰了百年來傳統上對公路跑車的常識和定義，是相當具革命性的成就，這絕不是參加國際展會或打廣告就可以有效果的。

我和 An 運用 TAET 來討論（如圖 4-10）。戰略上，我們以推出「公路跑車的新世界」為主軸；戰術上，An 建議以媒體營的方式，針對專業意見領袖做體驗行銷。整體的規畫和主持由 An 負責，但他要求我必須親身參與，提供必要協助。

圖4-10

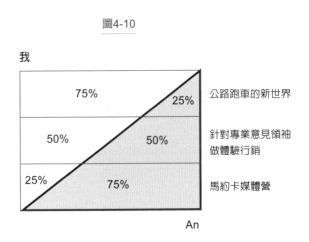

An 選擇在西班牙馬約卡島上的一間山莊，舉辦四天三夜的媒體營。這個島有山有海，有許多風景優美的騎車路線，一向是環法大賽選手冬季集訓的勝地。

我們邀請了世界各地自行車專業雜誌的技術總編輯，以及幾位知名環法選手來參加，並且為每一位來賓量身訂做了三輛專屬自行車（PROPEL、TCR 和 DEFY。參見彩圖 26-28），供他們騎乘、體驗。

第一天來賓報到；第二天上午由我介紹捷安特集團的世界概況，然後由開發、產品和行銷同事說明、發表，並進行深入的互動研討；下午及第三天整天，由來賓自由選擇自己的車子、騎伴和路線去體驗比較一番，記者、選手和技術專家有足夠的時間一起騎車，彼此討論、交換心得，甚至激烈辯論；第四天大家打道回府。

之後的一週內，歐、美、亞各重要媒體都專文報導了他們這次實地試騎體驗的心得，除了高度推崇 PROPEL，認為可能是「地表跑得最快的空氣動力車」之外，也十分肯定我們「公路跑車的世界」這樣的理念。

多年來，捷安特推出許多出色的產品，但這是我們第一次取得世界話語權，對捷安特品牌來說意義非凡！

⚛ TAET 活用範例 6：進入中國市場

自從中國大陸改革開放之後，臺灣的許多產業開始移往大陸。自行車業也從 1982 年起向華南移動，大多落腳在廣東的龍華、東莞一帶，活用香港進出的便利性，以大陸廉價的勞動力降低成本，擴大外銷生意的競爭力。

巨大比較謹慎，標哥和我多次考察大陸的情況，直到 1990 年確定改革開放不會走回頭路，法規制度也漸次成形，才決定進入大陸。巨大的想法與同業不同，我們認為當時的中國將成為最大的世界工廠，但就長期來看，有朝一日，有十四億人口的中國大陸也可能變成世界最大的市場。

因此，我們擬定了「內外銷並重」的整體大戰略，選擇落腳中國的商業中心——華東，在離上海不遠的江蘇昆山設立工廠及行銷總部，開始我們在中國的經營。我們選派鄭寶堂擔任捷安特中國的總經理，負責設廠和培植供應鏈的重責大任，另外指派劉湧昌負責中國市場的品牌和行銷推動工作。實務上，由標哥直接領導鄭寶堂打造最先進的工廠及堅實的供應鏈，我則直接領導劉湧昌建立品牌及打造能推動自行車行銷和服務的通路。

換言之，我們從右頁的圖 4-11，再細分成圖 4-12 和 4-13。

圖4-11

標哥、我

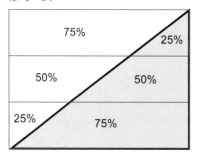

	內外銷並重，永續經營中國
75% / 25%	
50% / 50%	打造最先進堅實的製造供應實力 建立捷安特品牌和專賣店通路
25% / 75%	

鄭寶堂、劉湧昌

圖4-12

標哥

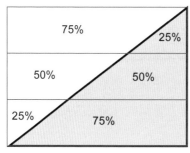

	中國最好的製造供應商
75% / 25%	
	技術品質為本
50% / 50%	建立中國自行車的高品質基準 推動豐田生產系統（及時生產） 打造堅實的供應鏈
25% / 75%	初期由臺幹引領 中長期積極培育大陸幹部

鄭寶堂

圖4-13

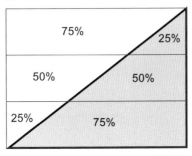

我

75%	25%	建立捷安特品牌和通路
50%	50%	捷安特定位為高級PSI品牌 先從輕快車著手,逐步與世界接軌 打造捷安特專屬的通路
25%	75%	捷安特獲馳名商標 全中國有2500家專賣店

劉湧昌

前面三年,標哥和我參與得比較多,之後就由鄭寶堂和劉湧昌來主導。今天捷安特能成為中國自行車業的領先者,都是他們兩位努力的成果。

劉湧昌對 TAET 的活用有獨到的心得,也運用這樣的理念和手法,成功培育了大陸籍的同事朱雄瑜。在劉湧昌調回總部之後,朱雄瑜接棒擔任中國市場的主帥,與世界接軌,打造「捷安特自行車世界」的通路,帶動捷安特成為中國自行車的第一品牌,引領中國市場朝向「捷安特的世界」邁步前進。

🔗 TAET 活用範例 7：
建立產業聯盟，提升整體戰力

　　臺灣自行車業在比較利益之下，自然地向中國大陸傾斜；到了 2002 年，情況愈來愈嚴重，製造廠持續外移，臺灣廠不斷縮小、甚至關廠，或淪爲倉儲發貨的功能。不知不覺中，技術開發也逐步移轉，經營階層待在大陸的時間愈來愈多，外國客人也跳過臺北自行車展，直接參加上海展下單。眼看臺灣就要步上世界自行車業的宿命，像逐水草而居的游牧民族一樣，供應鏈從歐洲轉到美國，再到日本、到臺灣、到中國，長此以往，臺灣的自行車業一定會空洞化，最後消失在歷史的洪流中，只堪回憶了。

　　巨大因爲有自有品牌，看得較深、較廣、較遠。我們深信臺灣累積數十年的技術、經驗、人才等軟實力不應白白浪費，更何況所有的蘋果都放在中國一個籃子裡是很危險的，唯有兩岸分工合作、相輔相成，才是長遠經營之道。

　　當時標哥是臺灣自行車公會的理事長，屢次在會議中大聲疾呼，卻無法取得共鳴，而政府機關雖然很關心，但也無能爲力。於是，標哥和我，以及美利達公司的曾鼎煌董事長和曾崧柱總經理，四個人在臺中會面，共商大計，達成「自己的城池自己守，自己的性命自己救」的共識。我們認爲必須

設法召集有志之士，共謀對策，力挽狂瀾。會中大家要我來主其事，規畫建立一個新的組織團隊。

於是，我在 2003 年成立了由我擔任會長的「臺灣自行車協進會」，並命名為「A-Team」——這個名字來自我以前很喜歡看的電視影集《天龍特攻隊》（*The A-Team*）。我特別欣賞劇裡的隊長，每一次率領隊員完成幾乎不可能的任務後，他總會翹起腳、燃起一根雪茄，笑著說：「任務完成的感覺真好！」我也藉著這個名字鼓舞自己和團隊，要有「必勝」的決心和信念！

A-Team 的成員除了巨大和美利達之外，我從自行車各重要零件分類中挑選了九個會員（後來增加到十九個）。這些會員企業在該品項中不見得是規模最大的，我們選擇的條件是經營者必須有與臺灣共存亡的決心、有向上挑戰創新產品的意願和技術能力，以及團隊精神。

主要會員名單如下：

捷安特、美利達、桂盟、彥豪、亞獵士、鋐光、正新、建大、維樂、維格、鑫元鴻、久裕、SRAM、DT Swiss、SR Suntour、天心、佳承、合力、政伸。

A-Team 會員並不局限於臺灣的業者，而是向全球開放，世界任何地方有志一同的自行車業者，都歡迎加入 A-Team 的平臺，活用臺灣的優勢，共創未來。在此理念下，美國的

SRAM、瑞士的 DT Swiss 和日本的 SR Suntour 都參加，成為正式會員。除此之外，我也邀請世界主要自行車名牌，例如 Trek、Specialized、Scott、Colnago、Accell 來參加，成為協贊會員（Sponsor Member），共襄盛舉。

關於 A-Team 的三個理念，第一章已提及，在此不再贅述；至於戰略願景，第一章也提到是要打造臺灣成為創新高級產品的平臺和中心。

在戰術層面上，我們把基礎車種全部放出去給中國的工廠，空出手來全力打造上述戰略願景所需的實力。在 A-Team 的發展上，我們規畫了三個階段：

一、導入豐田生產系統，踏實改善、扎穩根基

工業局和中衛發展中心大力協助，加上國瑞汽車（豐田 Toyota）的原田（Harada）總經理率領國瑞的專家群無私分享，並現場教導豐田生產系統的精髓，使得大部分是黑手起家的會員在製造專業、品質提升、成本改善上受益良多，脫胎換骨，奠定了 A-Team 製造高級產品的基礎。

二、協同開發

會員互通有無、截長補短、相輔相成，協同開發出創新高質的新產品。

三、協同建立品牌

鼓勵所有會員都必須建立並精耕自有品牌，於國際行銷及參展時，在 A-Team 母雞帶小雞的策略下，以艦隊的威力掩護支援各個品牌成長和苗壯。

在推動的實務上，我請巨大臺灣廠的總經理顏清鑫擔任 A-Team 的祕書長，他的得力幹部林岳襄則擔任總幹事。在六年當中，他們與我一起把各個會員當作我們自己的公司一樣，透過 TAET 推動 A-Team 所有的活動。

我們鼓勵大家彼此開放工廠，作為豐田生產系統的見學，並以身作則，首先開放巨大臺灣廠給全體會員（包括競爭對手美利達）參訪、見學、交流。此外，並由巨大成立輔導小組，協助會員導入豐田生產系統和進行協同開發。除了年度藉由臺北展舉行的 A-Team 國際年會之外，更於每季率全體會員實地參訪，由指定的會員進行關於改善的發表會，以及研討會和專家講座（成立 A-Team 的 TAET，如圖 4-14）。

幸運的是，經過全體會員六年的通力合作，A-Team 獲得全球自行車業的肯定，成為名副其實的「全世界創新價值與高品質自行車產品的研發、製造、供應、服務平臺和中心」，並成功帶動高級車普及化的風潮，開創全新的大藍海。

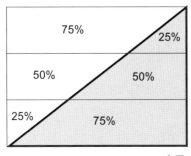
圖4-14

A-Team

75%	
	25%

臺灣成為創新高級產品的平臺和中心

50%	
	50%

導入豐田生產系統
協同開發
協同建立品牌

25%	
	75%

每季發表，觀摩見學
年度大會
國際行銷

會員

　回想起來，當年如果沒有 A-Team，臺灣的自行車業恐怕已經不存在了。自助者天助之，看到 A-Team 會員各個都有響亮的品牌及扎實成長的業務，而且大部分都在臺灣建立新的總部、研發中心及高新產品工廠，以臺灣為中心，在全世界活躍地經營著，令人十分欣慰。（參見彩圖 29、30）

　而巨大也在全球成長茁壯，臺灣廠規模持續擴大，更在 2020 年正式遷入「巨大捷安特世界總部」；同時，「自行車文化探索館」也正式開幕，象徵臺灣的自行車業又邁入全新的階段。

　在 A-Team 的六年運作裡，收穫最多的個人應該是祕書長顏清鑫了。我身為會長只是帶個頭而已，實際運作都是由他透過 TAET 雙三角進行。這些寶貴的領導、經營、管理和團

隊運作經驗，使得他現在被升爲巨大的集團製造長，掌管巨大臺灣廠、中國的五個廠及歐洲的兩個廠。雖然在這麼複雜的全球在地化營運狀況下掌管八個廠，他依然氣定神閒、游刃有餘。

🔗 TAET 活用範例 8： 打造臺灣自行車島

臺灣自行車市場的發展，與先進國家相比落後很多。

在 1981 年捷安特品牌在臺灣推出之前，自行車主要是通勤和通學用，而且隨著機車的普及，市場一年比一年萎縮。捷安特帶來了青少年遊玩的越野車，以及輕量有變速的休閒健身用現代化產品，促成了自行車較多元的發展和市場的蓬勃成長。

2007 年，臺灣風行一部電影《練習曲》，描述一名聽障青年背著吉他騎自行車環島的故事。主角說了一句話：「有些事情現在不做，可能永遠也不會做了！」感動了標哥，於是他以七十三歲高齡、花了十五天完成自行車環臺灣一周的壯舉，受到電視臺和主要媒體的關注和報導，成爲轟動臺灣的新聞。

2008 年，我接棒率領 A-Team 的老闆們及媒體朋友約四十

多人，以十天完成環島，帶動臺灣團體環島的風潮（參見彩圖 31）。隨後，因為希望環島的人非常多，乃成立「捷安特旅行社」，為騎士們提供專業的自行車環島服務。

2009 年，臺灣陷入全球金融海嘯的風暴中，《商業周刊》以「正向 UP 的力量——自行車」為封面故事，做了十二頁的全方位報導。從自行車是鍛鍊身體、促進身心健康最好的有氧運動，在接近大自然跟自己挑戰時，能使人正向思考並堅定意志，到自行車種類、騎車的基本技巧和注意事項、環島的騎車路線，以及捷安特旅行社消費者的體驗和心聲，都做了深入的採訪報導。

一位知名企業家提到：「我被金融海嘯逼得都快要發瘋了，晚上也睡不著，只有在騎上我的自行車御風而行時，所有的煩惱才會被拋在腦後。現在怎麼應對都沒有用，唯一能做的就是投資自己，騎自行車把自己的身心鍛鍊得更健康、更強壯。留得青山在，不怕沒柴燒，一旦海嘯過去，我一定能最快地重新站起來！」他的這番話深獲社會大眾的認同。

這篇雜誌文章，加上後續各媒體的延伸報導，引發了臺灣大眾「瘋自行車」的熱潮。自行車市場在之後的兩年裡成長了三倍，一車難求，但風潮過後，市場又打回原形了。其實在風潮中，賣得最多的是折疊車和一般平把的休閒娛樂用變速車，並不是真正專業運動的車子，所以許多人一時興起買

了一輛車，但騎了一段時間後可能就放在車庫或儲藏室了；換言之，他們還處於隨便買一輛車來騎、當作移動工具的階段，並沒有體會和享受到自行車騎乘的全方位樂趣和好處。

標哥和我深入討論，覺得任何世界名牌都一定有各具特色的母市場。例如德國汽車的性能會這麼好，是因為有勇敢、愛開快車的消費者，以及沒有速度限制的高速公路；義大利有許多公路自行車的百年名牌，也是因為有多山的環境及熱愛運動和競賽的消費者。

因此，捷安特要成為真正的世界名牌，不能沒有一個好的本國市場。臺灣雖然不大，但可以求質不求量。臺灣有很多高山，又四面環海，這裡的人具備勇敢、熱情、愛挑戰、敢拚的精神，而且也愈來愈重視健康和運動。

該怎麼做呢？我們想出一個長遠的戰略目標：把臺灣打造成「自行車島」，並作為我們未來在亞洲推動自行車新文化的示範基地和燈塔。

自行車島的定義有三個面向，形成最穩固的「金字塔」：

一、臺灣有**世界一流的自行車工業和產品**。
二、臺灣成為**騎自行車的天堂**。
三、臺灣的都市成為**對自行車友善的城市**。

第一點，透過前面提到的 A-Team 的努力，已經具備了。

第二點，臺灣捷安特必須全面進化，取得政府的支持及民眾的認同和參與。

第三點，則須協助政府發展公共自行車系統。

有了明確的戰略目標，戰術上則多元並進、分工合作。

首先，巨大成立「自行車新文化基金會」，由標哥親自主持，並把他活潑能幹的女兒劉麗珠從美國調回來擔任執行長。基金會承辦過許多活動，例如臺北及新北市河濱公園自行車道租賃服務系統的經營、針對大眾及學校的自行車教學課程、建議政府訂定自行車日，以及舉辦各項自行車活動，包括獲得金氏世界紀錄、慶祝中華民國建國百年的「轉動臺灣向前行」全民活動。

另外也陪同交通部研究所的專家，實地到荷蘭和日本考察自行車道及相關設施，最後協助完成「臺灣自行車環島 1 號線」的規畫和建立。全長一千一百公里，若包含所有支線，總長達到兩千六百五十公里，讓臺灣的車友有了方便、安全又舒適的騎乘環境。

其次，由標哥主導，成立「微笑單車公司」，從臺灣捷安特調來何友仁擔任總經理，開發了好用便利的 YouBike 公共自行車及人性化的租賃系統，並成立數百人的調度維護團

隊，提供完善的支援服務。從臺北市、新北市、桃園、新竹、苗栗、臺中、彰化、嘉義、高雄市，從北到南，成為廣大市民的最愛，不但提供了最後一哩路的功能，完善了都市的整體交通系統，減少交通廢氣的排放，也讓大眾有騎有健康，快樂向前行。（參見彩圖 32）

在全世界公共自行車系統裡，YouBike 系統也獲得非常高的評價。

另一方面由我主導，協助臺灣捷安特公司轉型。臺灣捷安特在歷屆總經理胡建中、李伸倡、何友仁的帶領下，三十年來已經建立了穩固的基礎，也到了脫胎換骨、展翅高飛的重要時刻了。

在現任總經理鄭秋菊和團隊的努力下，推出捷安特自行車世界全系列 PSI（競技挑戰／運動健身／品味休閒）自行車產品及相關零配件；改造原有的捷安特專賣店，提升成為男女雙品牌 GIANT 和 Liv 的「捷安特自行車世界」店，提供「正確騎乘量身適配系統」的專業服務。

從協助客人挑選最適合的自行車開始，決定最適當的車架尺寸，並運用我們的適配系統，進行人車合一的調整，使愛用者能以最正確的姿勢享受高效率、安全又健康的騎行。此外，每家店都成立俱樂部，帶領顧客從入門到挑戰級，進行各種短、中、長程的騎行，並提供完善的線上和實體售後服

務。

　我們也擴大和提升捷安特旅行社的規模、設備和人才，提供 Only One 一條龍完整安全專業的自行車旅遊服務。不論是花東三天兩夜的逍遙騎、九天的環島、東／西／北進武嶺，還是出國去日本、韓國、中國、歐洲的自行車旅遊，應有盡有，一家搞定。最近更推出電力輔助自行車，讓更多人可以輕鬆完成上山下海的挑戰級騎乘。（參見彩圖 33）

　當時，我是自行車公會的理事長，配合協助觀光局把每年的 11 月定為自行車月，並舉辦一年一度、全程九天、臺灣環島騎行九百公里的「騎遇福爾摩沙」（Formosa 900）大型國際自行車活動。這個活動每年都有二十幾團騎士參加，大約三分之一來自海外，我每年率「領航騎士團」領騎（參見彩圖 34），幾年下來，「騎遇福爾摩沙」和「臺灣自行車登山王挑戰」（Taiwan KOM Challenge，從花蓮七星潭直上標高三千兩百七十五公尺的武嶺）已經成為世界知名的自行車盛事了。

　多管齊下努力的結果，臺灣已經成為名副其實的「自行車島」，臺灣的自行車市場也蛻變成小而美、與全球先進國家同步流行的優質市場了（臺灣自行車島的 TAET，如圖 4-15）。

　2012 年，日本愛媛縣知事中村時廣耳聞臺灣自行車島的

圖4-15

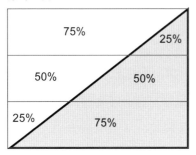

標哥、我

75%　　25%　　臺灣成為自行車島

自行車新文化基金會
微笑單車YouBike
50%　　50%　　捷安特自行車世界的PSI產品和通路改造
捷安特旅行社專業化

25%　　75%　　Formosa 900自行車環島

何友仁、劉麗珠、鄭秋菊

事蹟，特別來臺拜訪標哥，希望捷安特能夠協助愛媛縣發展觀光，推動自行車新文化。

標哥和我於 2012 年應邀去體驗連結廣島縣和愛媛縣的「島波海道」實際騎行，陪騎的除了中村知事，還有廣島縣知事湯崎英彥、尾道市長平谷祐宏、今治市長菅良二、松山市長野志克仁，以及捷安特日本的社長中村晃。我們對島波海道十分驚豔，當場決定由捷安特日本和臺灣的捷安特旅行社全力協助他們舉辦 2013 年的「島波海道國際自行車大會」。大會非常成功，數年下來，島波海道已經成為日本的自行車騎乘聖地。

2016 年底，標哥和我共同退休後，他繼續督導 YouBike 的發展，並把服務延伸到中國福建省的泉州市和莆田市。

我則在日本成立「自転車新文化基金會」，與捷安特日本公司的社長一起繼續為推動日本自行車新文化而努力。從愛媛縣擴大延伸，結合香川縣、德島縣、高知縣共同推動「環四國一周」的活動，並與環臺一周的「騎遇福爾摩沙」結為姊妹活動，相互支援、相輔相成。

此外，擁有日本第一大淡水湖「琵琶湖」的滋賀縣知事三日月大造和守山市長宮本和宏，對自行車新文化非常熱心，所以我們也協助他們成功推動「琵琶湖一周」的自行車活動。

日本其他縣市也漸漸開始關注自行車騎乘，2019 年在和歌山召開第一屆「日本縣、市、町全國自行車大會」，邀我去做專題演講。假以時日，希望日本也能轉變成健康美麗的「自行車列島」。（參見彩圖 35-40）

⟟ TAET 活用範例 9：
掀起歐洲電動自行車風潮

2000 年，標哥、我及研發主管陳桂耀研發了中置式馬達的電動助力自行車，命名為「Lafree」，在臺灣上市，更於 2001 年在美國推出。但當時的技術不夠成熟，電池的容量和續航力不足，在努力五年後，不得不終止美國市場的業務。

當時中國大陸的城市大多禁摩（禁行摩托車），所以市場對電動自行車有很大的需求。因此，我們在大陸成立電動車廠，並建立混合動力事業部，專門發展電動車業務。

一開始發展得不錯，但之後許多大陸的競爭者投入。中國的國家標準明訂只能製造電動助力自行車，也就是必須用腳踩動踏板才能有輔助動力，但消費者真正需要的，其實是取代汽油機車、扭轉電門就可以直接驅動的電動機車。大陸的競爭對手鑽法律漏洞，直接做電動機車，只在上面裝了兩個不能踩踏的踏板，來矇混過關。相關單位對大陸廠商這樣的行為睜一隻眼閉一隻眼，對國際品牌捷安特卻嚴格要求非得確實遵守中國國家標準不可。在這樣不公平的競爭下，我們在中國市場只能賣出很小數量的電動助力自行車。

陳桂耀和我開始重新檢討國際市場的可能性。當時我們已經終止美國市場了，Lafree 電動車每年只在臺灣和荷蘭賣出幾百輛，而且除了我們之外，市場上也沒有什麼正式的品牌投入。

陳桂耀和我，以及捷安特荷蘭公司的總經理威廉‧布騰豪斯（Willem Buitenhuis）深入調研以後，發現荷蘭是全世界使用自行車代步最普及的國家，而隨著人口的高齡化，以及荷蘭冬天的強勁海風，其實電動助力車是很有需要的。

但是，為什麼銷量不好呢？除了產品的性能不對（荷蘭完

全是平地，不需要爬坡的高強度扭力，但充電一次的續航力一定要足夠），其實根本原因是**觀念**和**形象**！

長久以來，電動車都是給行動不便或身障人士使用的，所以某人如果騎電動車，很容易被誤認爲年老力衰或有殘疾，產生負面形象。

但反過來思考，如果有一輛看不出是電動車，而續航力能讓使用者安心的電動助力自行車，應該會有廣大的需求才對。運用 TAET 雙三角，確認了這個戰略目標之後，我們就開始探索產品和技術的解決方案（如圖 4-16）。

當時我們在中國已經研究開發了裝在後輪的大功率花鼓馬達。爲了適應荷蘭全是平路，騎行平順又必須省電的使用特性，以及不妨礙後輪外變速機的使用，我們認爲可以改成裝

圖4-16

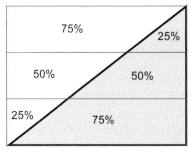

我

75%　　　25%
看起來像自行車一樣平順好騎、續航力長的電動自行車

50%　　　50%
尺寸較小的前花鼓馬達
雙電池自動切換
後馬鞍袋使人看不到電池的存在

25%　　　75%

陳桂耀、威廉

在前輪、尺寸較小的前花鼓馬達，看起來像荷蘭常有的供應前燈電力的摩擦式花鼓發電機。

當時鋰電池還不成熟，只能用體積大、容量低的鉛酸電池。陳桂耀提出用兩個電池自動切換的構想，可以把續航力提升到一百公里以上，真是很棒的點子！

接下來的問題是，兩個這麼大的電池要放在什麼地方？從工程和騎車重心來考慮，放在坐墊後方後輪上面的貨架兩側，應該是最理想的。但是，要怎樣才能隱藏起來，讓人家看不見呢？

家裡原本是開自行車店的威廉，從倉庫拿來一個掛在後貨架、購物用的黑色荷蘭傳統馬鞍袋，大小居然剛剛好可以放進電池，而且還有相當的置物空間。太棒了！但是，這種老式的傳統馬鞍袋，能夠被大眾普遍接受嗎？

捷安特是做運動休閒產品的，所以我們對這種傳統購物用的東西沒有什麼清楚的概念。我們三個人立刻起身，開車到附近幾家門口停滿自行車的購物中心去實地察看。算了一下，居然超過 75% 的車子都有安裝這種黑色的馬鞍袋。Bingo！

陳桂耀回去立刻成立開發專案，火速進行。2008 年，命名為「Expedition」的前輪帶動、雙電池、行程超過一百公里的電動自行車，在荷蘭正式上市（參見彩圖 41）。第一年

就賣了八千輛，第二年更超過兩萬輛，轟動整個歐洲大陸，也開啓了**電動助力自行車在歐洲市場的新紀元。**

　　捷安特在荷蘭的成功，消除了消費者對電動車負面形象的疑慮，讓市場得以快速成長，同時也吸引了歐洲最大市場德國業者的注意。兩年後，德國汽車電機的名門大公司博世（Bosch），研發了中置式馬達和機電整合的軟體，提供給德國所有自行車品牌使用，引發德國市場爆發性的成長。

　　我們因爲本來就是從中置式馬達轉成前花鼓馬達才成功的，加上在荷蘭的銷售供不應求，差一點就讓勝利沖昏了頭，而忽視了市場的演變。還好，陳桂耀和我警覺到德國的變化，做了深入的研究和比較。

　　荷蘭因爲地方比較小又全部是平地，主要是以銷售代步用的城市車爲主；但德國地方大，有很多丘陵，也有高山，所以除了城市裡用的城市車，市場眞正的主力是有變速功能、休閒運動用的旅行車。這樣的車子需要扭力較強的電動馬達，和重心較低的車架設計，如此一來，中置式馬達才是最理想的答案；換言之，前置式馬達只適合像荷蘭一樣地形平坦的國家，德國市場的需求才是全世界主要市場所需要的。

　　有了這樣清楚的認識，陳桂耀立刻成立新的專案，快速開發中置式馬達（幸虧我們本來就是做中置式馬達起家的），

發展了智慧機電整合／能源管理軟體系統，並且戰略性地全面改用先進的鋰電池。除此之外，我們更發揮在自行車騎乘上的獨特理解和專業經驗，陸續開發出「電動自行車世界」全系列產品（參見彩圖42-44），在全球推出。

捷安特電動自行車世界規畫發展的TAET雙三角，如圖4-17。

幸虧有這樣子快速因應，捷安特才能在快速成長、方興未艾的電動自行車市場上，繼續保有獨特而重要的地位。

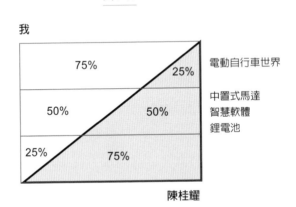

圖4-17

🔗 TAET 活用範例 10：
反向思考，謀求市場突破之道

　　日本是個很有意思的市場。它是全球第四大經濟體，汽車、機車、各項科技運用及生活時尚都是最先進的，但在自行車市場的發展，卻是尾段班。並不是沒有市場，日本每年還是可以賣出八百萬輛自行車，只是絕大多數都是短程通勤代步用的單速或三段變速「輕快車」（參見彩圖 45），價格也超便宜，平均一輛只賣 10000 日圓，是日本人的生活必需品，地鐵站外停放的自行車海，更是日本特有的「公害」。

　　這是為什麼呢？原來日本的城市人口密集，道路都很窄小，也不像臺灣有所謂的「慢車道」，所以當汽車普及之後，為了交通安全的考量，國土交通省就規定自行車不可進入車道，只能在「鋪路」，也就是我們所謂的「人行道」上騎。雖然日本人基本上都很重視健康，但即使買了公路跑車，在都市裡也英雄無用武之地，除非騎去河堤或郊外。所以，除了少數發燒友，絕大多數的人都會買輕快車。

　　1989 年我去設立捷安特日本公司之前，有先去日本最大的自行車公司普利司通找一位我認識的高階主管朋友拜拜碼頭，向他請教，並告訴他，捷安特日本公司不會進入輕快車市場跟他們競爭，只會經營休閒運動市場。他聽了大吃一

驚，拿出一份自行車公會記載過去八十年日本市場車種別的統計資料，指出休閒運動用的車子是歸在「其他車種」的項下，市場占有率從來沒有超過 1%。他好心勸我放棄來日本設公司的計畫，但我還是很固執地成立了捷安特日本公司。

公司成立前五年，因為日本國內市場只講日文，英文完全不通，所以我前後請了兩位在自行車業界又通英文的日籍友人擔任社長，並充分授權，讓他們按照日本式商法來經營。雖然他們兩位都很努力，卻無法有所突破，最後都掛冠求去。我只好兼任社長，並花時間走訪客戶，靠著日本同事的翻譯，深入了解市場。

有一次，我和臺大森林系畢業、當時擔任自有品牌業務支援經理的李瑞發到美國出差。在丹佛機場等候轉機時，我忽然心血來潮，問他敢不敢去日本擔任分公司社長。李瑞發差點沒從椅子上跌下來，回神之後告訴我，他是不怕挑戰，但有兩個小問題：一是他雖然能在卡拉 OK 唱幾首日文演歌，但不會說日文；二是他沒有任何市場實務經驗。我說這不是問題，接著我們就登機了。他當時大概認為我只是說說笑而已，結果回臺灣過了一個禮拜，我就派他去日本擔任社長了。

第一年，他苦練日文，並發揮原來業務支援的專長，把產銷服務及社內管理整頓好；第二年，他和我，以及他的業務

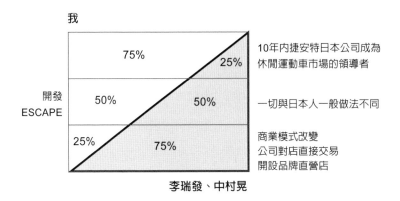

圖4-18

我

75%	25%	10年內捷安特日本公司成為休閒運動車市場的領導者
開發 ESCAPE 50%	50%	一切與日本人一般做法不同
25%	75%	商業模式改變 公司對店直接交易 開設品牌直營店

李瑞發、中村晃

經理中村晃開始深入研究市場,並用 TAET 的手法,謀求市場突破之道(如圖 4-18)。

我觀察發現,日本人都很認真、奉公守法,也很重視禮儀及良好的人際關係,但相對地,對於行之有年的行事規矩和做法,甚至產品,大多蕭規曹隨,不敢輕易挑戰。因此,我定下了「一切做法要與一般日本人不一樣」的基本原則,並共同訂定「十年內成為日本休閒運動自行車領導者」的大膽目標。

在業務推展上,我們排除傳統的大盤商,和美國一樣,直接跟店家接洽業務,同時選擇性地進軍有服務能力的運動用品連鎖店;後期更設立了十家捷安特品牌直營店,積極推廣品牌和捷安特自行車世界。

在一次日本自行車展中，我看到日本各大品牌都展出各式各樣的主流輕快車，而捷安特日本公司只以歐美車種為主，專攻「小眾市場」。我突然覺醒，為什麼我們要畫地自限，只死守小眾市場，而不開發有意義的新產品，化守為攻，提供主流市場消費者一個新的選擇呢？

我福至心靈，心想，通勤實用型的日本輕快車雖然叫作「輕快車」（這是與笨重難騎的老式文武車相比而得名的），其實並不輕，也騎不快，而且通常都是黑色、白色或銀色（日本人買汽車也是這三個色為主），因為日本人不想太凸顯自己。如果我們為這些主流消費者提供另一個選擇，設計一輛比較輕，具備符合人體工學、好騎的車架幾何，又有多段變速可以騎得快，加上色彩鮮豔的外觀，消費者會喜歡嗎？我興奮地把李瑞發和中村晃拉到一旁，告訴他們我的想法，他們兩人也非常同意，只是擔心價格會不會太高，畢竟這是一個平均價只有 10000 日圓的主流殺戮戰場。

回到臺灣，我立刻成立專案，把公路跑車的車架做局部修改，一方面保持騎車效率，另一方面縮短上管、提高車頭管，搭配運動型的平把手，以及二十一段的外變速機，讓消費者可以舒適輕鬆快樂地巡航。

這個專案的開發定位為「每日快樂生活的休閒運動車」，並提供專屬的擋泥板、後貨架和前置物籃等實用功能配件，

作為可以另外附加的選項。車子命名為「ESCAPE」（參見彩圖46），取其從城市水泥叢林裡逃脫出來、自由自在生活之意。提供三種尺寸，且除了必要的黑、白、銀三主色，另外加了紅、藍、綠三個亮麗的顏色，定價則為輕快車的五倍——50000日圓。

次年，ESCAPE在日本自行車展堂堂上市，大受好評，被雜誌選為年度最佳車種，並破天荒地被《朝日新聞》報導。在ESCAPE領頭熱賣之下，捷安特日本公司很快轉虧為盈，並成為日本休閒運動車市場的領導品牌。

數年後，我們也把它推到歐美國家。如今，ESCAPE不但是日本的經典名車，也成為第一輛從亞洲的需求開發，而能同時在歐美成功的暢銷車。

TAET 活用範例 11：
讓下屬修練心性、發揮所長

王火明是個勇於任事，但個性耿直、好勝好強的人。工作賣命認真，不達目的絕不罷休，卻年輕氣盛，容易意氣用事，與同事常起衝突，外號叫作「拚命三郎」。

他歷經加工組長、前叉課長、加工課長、焊接課長、維護課長、塗裝課長、裝配課長、品管課長等職務，是主管心中

又愛又恨的問題人物，先後被輪調了十三次之多，工廠所有的職務幾乎都幹過，最後被調離工廠，到總部來擔任總務課長。雖然他依舊工作認真，但大材小用，也無法發揮自己的技術專長，每天鬱鬱寡歡、意志消沉，覺得前途無望，再這樣下去，大概只有離開公司一途了。

王火明其實是巨大製造體系裡輪調最完整、實務經驗最豐富的人，而我對他鑽研技術的熱情和不屈不撓的精神，也留下深刻的印象，如果能夠改善他個性上的缺點，將是公司不可多得的好人才。不過，要如何磨練、調整他的心性呢？這成為我左思右想的難題。

我和他誠懇長談，直言不諱地指出他的問題，並告訴他再這樣下去，公司內將沒有他的容身之處。但我也告訴他，我看到他的長處，對他的未來有所期望，問他願不願意和我一起尋找調整他心性的方法。他緊握我的雙手，含淚承諾了。

於是，我把他調到總經理室來擔任我的助理，第一項工作就是以三個月的時間規畫全球的品質保證體系。這可難倒他了，因為他是現場武將型、行動派急性子的人，要他坐下來慢慢思考，又要有禮貌且有耐心地向各個工廠、供應鏈、研發、市場、服務端多方討論請教，最後還要用筆寫下來，真好像要他的命一樣。但是，頭已經洗了，不剃不行，他只好耐著性子，一樣一樣進行。

他每週要向我匯報一次，每次都被我打回票。我和他共同討論，並提供一些建議以後，他繼續努力，下週再見。三個月後，終於完成了正確的藍圖，有了成就感。

我也和他分享我個人很少與人起衝突的祕訣。大家都認為我個性好，為人隨和、處事圓融，其實不然，我這個人個性很強，而且擇善固執，不輕易妥協。

不過，我處事有兩個原則：

第一、先耐心傾聽其他人的意見，並設身處地為他人著想，之後再發表自己的看法。

第二、討論的目的是為了形成共識，找到問題的答案，而不是零和遊戲，一方贏就必有一方輸。

我告訴王火明，他過去處事的方法，就好像兩隻山羊對向要過獨木橋一樣，互不相讓，非衝撞不可，結果往往兩敗俱傷，雙雙掉入河中。

試著把雙手放在同一水平面上，然後兩隻手向著彼此移動，一定會碰在一起，這時如果把頂著的雙掌同時往中間向上伸，變成禱告的手勢，就會把衝突的「撞力」化為同方向的「合力」了。所以，當雙方的討論是為了替共同的目標找答案時，各人的意見可以南轅北轍，但不會衝突，只是需要更多的溝通和集思廣益，直到找到答案為止。

接下來，我就在總經理室成立售後服務與品質保證單位

（After Service & Quality Assurance ／ ASQA），由王火明負責，專門解決公司內外品質保證相關問題。這時，他原有的專長和能力就有得發揮了。

此外，他也聽進去我與他分享的前述「心法」，並嘗試運用在每天的工作中。結果發現，不用吵架也可以解決問題，於是人際關係變好，工作也變得愉快了。而且，在解決各種疑難雜症的過程中，他必須涉獵各式各樣有關開發和製造的技術，使得自己的技術實力大幅提升，成為大家信任、想要請教的專家，他也變成樂於助人的問題解決高手。

兩年後，臺灣總廠正式成立品保部，請他去主持；之後升為廠長，近年並升任巨大臺灣總廠總經理暨集團技術長。

今天的王火明在大家心目中，不但是製造技術的大內高

圖4-19

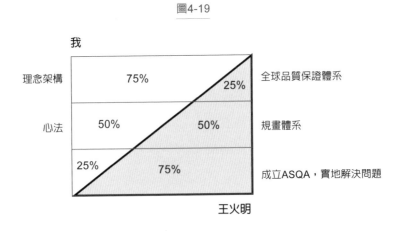

手，更是善於帶動團隊合作、挑戰未來的優秀領導人。

而回想起來，這整個讓他修練心性、發揮所長的過程，可以呈現為如圖 4-19 的 TAET 雙三角。

🔗 TAET 活用範例 12： 與下屬一起進行生涯規畫

賴彥廷是個溫文儒雅、認真好學、任勞任怨、樂觀進取的有為青年。從小就在澳洲當小留學生，學成歸國後進入巨大，先在財務部工作，後來調到稽核部門，負責海外子公司的稽核工作；幾年後調入集團總管理處，擔任標哥和我的幕僚。他思路敏捷，英文很好，擅長溝通，事情交給他去跟進，都很令人放心，是不可多得的好幕僚，他也把自己定位為專業幕僚。

有一次我們一起出國，路上聊天的時間比較多。在對他進行完整的身家調查之後，我問他未來的夢想是什麼，他不假思索地回答：「我希望能成為一家行銷子公司的總經理。」不過，他馬上笑著說：「我只是隨便說說而已！我知道這是不可能的，我有自知之明，知道自己比較適合當幕僚，不適合帶兵打仗。」

我答道：「誰說的？沒有嘗試怎麼知道？你願意朝這方面

努力看看嗎？」他眼睛發光地說：「我非常願意！請您訓練我，任何工作安排我都接受。」

過去每個月，他都會彙整各子公司的月管理報表，然後呈給我使用。我開始要求他不能只做個信差，**要把自己當成分公司的總經理**，分析戰況和報告的內容，並提出協助他們打勝仗的方法，以及必須要求他們改善的事，綜合起來，向我報告。

一開始，他毫無頭緒，抓不到重點；後來在旁邊看我處理久了，漸漸開竅，逐漸能做出中肯的分析和提出有效的建議。

過去的年度產品發表會，幕僚的工作只是事前準備議程、幫忙布置會場而已；發表會開始後，就是產品相關人員的工作了，幕僚事不關己，在旁邊純看熱鬧。我要求賴彥廷對所有產品都要深入研究，並參與各重要子公司產品線選擇和產銷預測的內部會議，並向我提出綜合的分析、判斷和建議。

其次，我要他熱情從事各種自行車活動，不論是公路車環島、山地車越野或鐵人三項，都要鍛鍊自己去參加，因為**只有真正會騎車的人才能了解產品、才能懂得車友真正的需求**。2011 年，我邀請全球的總經理回臺灣參加「騎遇福爾摩沙」自行車環島的大活動，就由賴彥廷負責主辦。

接下來，我又派他去參加全球的各個展會，了解整個自行

車業的發展，以及主要競爭對手的動態。又派他參加美國公司的年度經銷商大會，觀摩學習行銷公司的實際運作。

在進行以上各項訓練時，我也會看他的用心程度和學習力，來決定要不要或什麼時候進入下一個階段。

經過好幾年的培育，他的決心依然非常堅定，除了沒有真正做過以外，基本上已經具備必要的實力了。因此，作為最後階段的考試，我把他派去最重要的美國市場，擔任捷安特美國公司總經理約翰・湯普森的特別助理。約翰是身經百戰的將軍，我特別拜託他來指導訓練賴彥廷；而為了避免美國同事誤會，以為是總部派人去監視他們，我特別明確要求賴彥廷不能跟我或其他總部高層私下連繫，一切都要以捷安特美國公司的立場，公事公辦。

賴彥廷在美國公司表現良好，很快就和同事打成一片，獲得大家的信任，成為約翰的左右手。而他在協助美國公司快速成長的同時，自己也在實戰中取得寶貴的經驗。

與賴彥廷一起進行生涯規畫、朝著共同目標努力的 TAET 雙三角，如下頁的圖 4-20。

兩年前，我們新成立的捷安特墨西哥公司經營不善，問題百出。賴彥廷主動請纓，前往墨西哥公司擔任總經理。短短不到兩年，不但應收帳款管理上軌道，通路也重新整頓，開始正向成長，轉虧為盈。假以時日，我確信捷安特墨西哥公

圖4-20

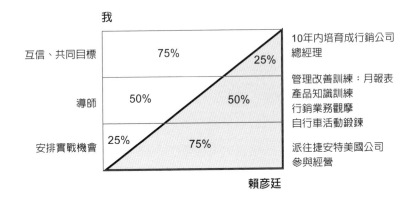

互信、共同目標	75%	25%	10年內培育成行銷公司總經理
導師	50%	50%	管理改善訓練：月報表 產品知識訓練 行銷業務觀摩 自行車活動鍛鍊
安排實戰機會	25%	75%	派往捷安特美國公司參與經營

我

賴彥廷

司在賴彥廷的領導下，一定會有很大的發展，成為下一個新
藍海。

　　看到一個有為青年透過扎實有效的生涯規畫和實務磨練，
成為獨當一面的人才，實在令人高興。但其實，我對另外幾
個年輕人也有其他的期許和培育計畫，但遺憾的是，其中有
幾位意志不夠堅定，以至於在重要關頭躊躇不前，敗下陣
來，實在可惜。

　　有句老話：「學生沒準備好，老師來了也沒有用。」真的
有幾分道理。

⬡ TAET 活用範例 13：
專案充分賦權與當責

2015 年，當我們公司為了百年大計，決定在臺中興建新的全球總部時，我提議應該乘機在旁邊建立一座展覽館，讓喜愛自行車的人、一般社會大眾或學生都可以來參觀，使得大家的生活有機會和自行車連結起來。這個提議獲得公司上下的贊同。

這麼重大的投資案，前後大約要花五年的時間，應該要由誰來負責主導才適當呢？我和當時負責品牌行銷的協理胡建中商量後，決定將此重任交給年輕的品牌行銷專員賴慧文，然後由她的上司——行銷經理兼發言人李書耕來支援、協助她。

賴慧文是後期才進公司的，雖然在品牌行銷部門，但一方面，她對過去三十多年的品牌創建過程並沒有身歷其境的理解；另一方面，我們全球的品牌推動是由在美國的 An Le 為核心主導人物，臺灣總部主要只是進行中文的轉換，以及支援亞洲的品牌推動。

為了培育訓練年輕沒經驗的賴慧文，我們讓她來企畫 2011 年集團臺灣環島的行銷工作——「騎遇福爾摩沙」。這個活動名稱就是她的手筆，因為名字實在取得太好，我們就把它

沿用在前面提到的觀光局每年主辦、捷安特旅行社協辦的環島一周大型國際活動上。

此外，臺北每年都會舉辦「臺北國際自行車展」，是世界最重要的展會之一。對有自己品牌的捷安特來說，這個展並沒有任何業務上的意義，但是身為自行車業的龍頭（當時我是臺灣自行車公會的理事長），我們當然要共襄盛舉。因此，我們每年的展出完全**從品牌的高度出發，向全世界傳達我們品牌的訊息，引導全球自行車的流行**。我們把每年的臺北自行車展，從發想、創意、設計，到施工、展出，完全交給賴慧文負責。從第一年的生澀，經過多年的歷練之後，她愈來愈有策略、有創意，完成度逐漸提高，後來不只用在臺北展，也成為每年上海展捷安特展館的設計藍本。

經過這些訓練，我們覺得她的實力已逐漸成熟，應該可以把設立展覽館這項挑戰交給她了。

我們運用 TAET 的手法，開始集思廣益（如圖 4-21）。

先從戰略著手。這是一個展示產品為主的「博物館」嗎？或者是主要記錄捷安特歷史大事和陳列相關產品文物的「巨大捷安特館」？若說是博物館，全世界各國都已經有不少歷史悠久、骨董車收藏豐富的私人博物館，我們不可能比他們好；若是只展示巨大捷安特本身的東西，我們自己會覺得很珍貴，但對外來的參訪者而言，會覺得無趣也沒有任何意

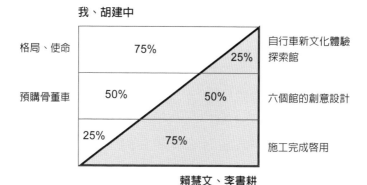

圖4-21

我、胡建中

格局、使命	75%	25%	自行車新文化體驗探索館
預購骨董車	50%	50%	六個館的創意設計
	25%	75%	施工完成啓用

賴慧文、李書耕

義。討論再三，最後決定以我們全球經營的高度和格局，定位為「自行車新文化體驗探索館」。

有了這個基本戰略後，再往下思考：自行車是怎麼演進的？自行車新文化是什麼？自行車的原理、技術和工藝要如何呈現與體驗？現代自行車有多少種類？公路車、山地車如何進行情境解說和實車試騎體驗？男女如何有別？為什麼要有 Liv 這個女性品牌？如何增進大家對專業自行車競賽的了解？如何在知識傳遞和體驗樂趣中取得平衡？這些戰術上的問題，就由賴慧文帶著專案小組去思考、突破。

在此期間，我先暗地進行一件事，就是請捷安特歐洲公司已經退休的老朋友楊恩，幫我物色有歷史演進里程碑意義的骨董車，因為好的骨董車是可遇不可求的，而且可能是天

價。幸運的是，在楊恩的努力奔走之下，終於在三年後用合理的價格取得一批符合我要求的車子，運來臺灣，及時趕上展館的落成。

最後，這座展館命名為「自行車文化探索館」，終於在2020年7月正式開幕了。因為我2016年底就退休了，開幕當天，我漫步在館內，看到一切的呈現遠在我當年設想的水準之上，十分高興和感動，也預期以後會有更多人因為這個館，而愛上自行車生活。（參見彩圖 47-49）

🔗 TAET 活用範例 14：為孩子建立自信心

我的小兒子羅主為小時候很乖巧懂事，但有點內向，碰到不熟的人就很安靜地躲開。念小學的時候，如果被老師叫上臺跟大家說話或分享心得，有時他會緊張，手拉衣角，說不出話來；上體育課時，也對自己的體能和耐力沒有很大的信心，總是感受到無形的壓力。這些我們作父母的都看在眼裡，雖然經常鼓勵他，也陪他一起打球、運動，但效果並不大。

2008年，我率領 A-Team 的成員完成第一次的環島，回家後跟太太和主為分享途中拍攝的許多照片和影片，說得口沫

橫飛、興奮不已。那時主爲在念小四，聽得很有興趣，尤其喜歡公路跑車，便問我：「小朋友也可以騎公路跑車嗎？」我告訴他：「你個子還太矮，沒有這麼小尺寸的公路車，等你到小六長高一些，就可以騎了。」他顯得有些失望，但雙眼充滿期待，我和太太都注意到了，也放在心裡。

於是，我太太建議我，是否可以帶主爲去環島？

我們知道他有興趣，但也知道他會因爲害怕而沒信心，到時會打退堂鼓，不敢參加。我跟太太說，如果媽媽也一起騎車，孩子應該會比較放心。其實我也知道女士大多不喜歡大熱天運動的辛苦，更怕被陽光晒黑，所以只是說說而已，並不敢期待她會贊同。

不料，媽媽愛孩子的心眞是偉大，我太太立刻說，如果主爲願意接受挑戰，她也一定會參加，跟他一起騎。

過了五年級下學期，即將升小六的主爲已經長高了。有一天晚飯後，我問他小學畢業時，希望我們送他什麼禮物。他一向儉省，客氣地說不用了，但我堅持要送，並且要送一份非常特別的畢業禮物——**自行車環島**！

他興奮了一下，但馬上說：「我還不會騎車，而且環島路程那麼長，又要爬山，我怕我不行，還是不要好了。」我告訴他：「我們不會勉強你，要不要環島，由你自己決定，但我認爲你一定有辦法的。如果你決定要去，小跑車我來準

備，離預定環島的明年寒假也還有好幾個月的時間，我來負責訓練，先從短程簡單的路開始，再慢慢增加距離和強度。至於爬山，你人小體重輕，是天生的優勢。總之，交給我不用太擔心，而如果你完成了，就是**第一個完成環島的小學生哦！**」主爲聽了很心動，但還是有點猶豫不決。

我拿出最後一招：「媽媽說，如果你決定要去，她也要陪你一起環島！」他不敢置信地看著媽媽，媽媽肯定地向他點頭，於是他終於說「好」，事情就這樣決定了。

因爲主爲還不是很高，所以我爲他特製了最小尺寸的平把公路車。訓練則照計畫展開，剛開始先在東海大學校園這個安全的環境裡，熟悉車子的性能和操控，學習如何正確使用前後變速機和煞車。騎了幾次以後，我們開始在住家附近車較少的馬路上，進行三十公里的騎乘，其中也包括在大度山爬坡，學習如何在上坡前先換檔變速、如何變換身體的重心方便施力，以及下坡時如何操控比較安全。

主爲和媽媽都很快上手，而且進步神速。12 月底的結訓練車，我們從臺中騎到彰化，再騎回臺中，總長九十公里。途中要爬彰化銀行山的長坡，以及回臺中時從大肚爬上龍井的超陡坡，大家都順利完成，已經做好環島的身心和技能準備了。

2010 年 1 月，我們委託捷安特旅行社客製的小團，在領

隊王啓順（這名字眞好，啓程順利）響亮的哨聲中，以及另一名領隊吳明龍開著「大白」補給車安全壓陣下，一行幾人浩浩蕩蕩地出發，邁向九天的征途。

前兩天，主爲比較緊張，接下來就騎得很順了。第五天從屏東到臺東，除了要越過四百五十公尺高的「壽卡」之外，進入臺東前還有號稱「三姊妹」的陡坡要爬，全程又長達一百零五公里，是環島行程裡最艱苦的一天。

當天出發不久，在爬牡丹水庫的陡坡時，主爲的車輪壓到路旁的碎石，跌倒摔車了。幸虧只有一點小擦傷，他沒有哭，上了藥又勇敢前進了。好不容易完成了兩姊妹，來到臺東太麻里的時候，天氣變了，開始下起傾盆大雨。我太太擔心雨大路滑又視線不佳，建議是不是就收車了，主爲固執地堅持不肯，說既然來了，就要騎完每一公里！在滂沱大雨中終於騎到當天的終點知本老爺酒店時，天色已經漆黑了。

度過這天以後，大家愈騎愈有心得，開始會列隊，彼此破風了。到了宜蘭要爬九彎十八拐的山路，也都輕鬆過關。

回到西部、快到臺中大甲時，旅行社通知有電視臺和報紙的記者等著，希望在大甲的捷安特店採訪我們，因爲送自行車環島當作國小畢業禮物，是從來沒有的事。

我們騎到大甲店時，大批媒體已經等在那裡了。我常被採訪，已經準備好要說些什麼，但這次媒體對我沒有什麼興

趣，隨便問了幾句之後，所有的鏡頭和麥克風全部對準主為。我和太太站在旁邊，看著晒得黑黑的他站得筆挺，充滿自信，毫無畏懼，面帶笑容地侃侃而談，應答如流，分享環島的大小事，條理分明，還夾雜著幽默。我和太太四目相望，在心裡說著：「感謝讚美主！」

開學之後，主為回到學校，老師和同學都發現他**判若兩人**，變得身體強健、充滿自信、樂觀爽朗。校方叫他上臺演講，和同學們談談他環島的心得，他分享道：「出發之前，說實在的，我心裡有些擔心害怕；但我一爬上壽卡、看到太平洋，信心就來了。現在的我，連自行車環島都可以完成，再也沒有什麼事可以難倒我了。」（參見彩圖50-53）

後來，他代表學校參加英文演講比賽，高中則擔任糾察隊長，大一時自己一個人帶團去美國哈佛大學進行學生交流，真的變成一個有自信、不怕挑戰的好青年了。

日子過得很快，主為2020年大學畢業了，我和太太去參加他的畢業典禮。看著他主持系裡的小畢典，從容不迫、自信自在，我們覺得非常欣慰，也很替他高興。

他現在雖然沒有常常練車，但也已經環島三次，還陪他媽媽成功挑戰西進、東進和北進武嶺，更登上環法賽中超高難度的「風禿山」。

騎自行車已經變成主為生活中的一部分，將陪伴他度過未

來健康、快樂、充滿自信的人生！

人的個性，往往只有在經歷極大的困難和挑戰時，才有可能被突破、被改變。我很高興當時我有送給主為那份「小學畢業禮物」！

而這個為孩子建立自信心的過程，也可以透過 TAET 雙三角來規畫，如圖 4-22。

圖4-22

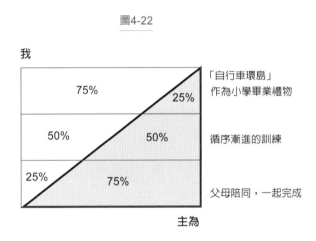

我

75%	25%	「自行車環島」作為小學畢業禮物
50%	50%	循序漸進的訓練
25%	75%	父母陪同，一起完成

主為

❖ TAET 活用範例 15：
隨時可以停的最堅強生產線

前面十四個範例，都是以我身為執行長在巨大捷安特的實際工作，或是與幾個個人的互動為例，來說明 TAET 雙三角

法則的運用。

那麼，如果是用在生產現場呢？

我個人最欽佩的是能長期製造出品質優良的低成本汽車的「豐田生產系統」，尤其是他們對改善下的工夫，以及對現場的充分賦權。

管理過大型製造公司的人都知道，萬一生產線被迫停線，是多麼嚴重的事情，會造成多大的損失。誰能負這個責任？一般起碼要由廠長、甚至必須由公司的總經理來決定是否停線。

在豐田呢？**裝配線上的每一名員工，一旦發現品質不良或物料供應有問題，都可以拉動停線繩（燈），亮起紅燈，立刻讓整條生產線停止下來。**然後，相關的課長或組長會飛奔而來，迅速排除問題，再重新啓動生產線。這是多大的授權、多麼強的互信和團隊合作！

他們是怎麼做到的呢？用圖 4-23 這個 TAET 雙三角來說明：

豐田故意設計了一條**「隨時可以停的脆弱生產線」**，透過「豐田生產系統」長期的全良品、自動化、徹底改善、消除浪費的訓練，形成清楚的理念和實踐的能力。

此外，又以「Just in Time」的及時化、一個流標準作業生產方式，完全信任地授權給現場所有的人。

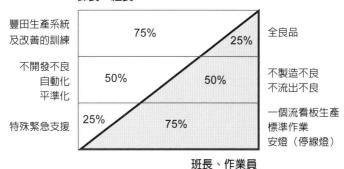

圖4-23

課長、組長

豐田生產系統
及改善的訓練　　　　　75%　　　　　　　25%　　　　全良品

不開發不良
　自動化　　　　　50%　　　　　　50%　　　不製造不良
　平準化　　　　　　　　　　　　　　　　　不流出不良

　　　　　　　25%　　　　　　　　　　　　一個流看板生產
特殊緊急支援　　　　　　75%　　　　　　　標準作業
　　　　　　　　　　　　　　　　　　　　　安燈（停線燈）

班長、作業員

　　因為大家都知道停線的嚴重性，所以全員分工合作、互信
互助，防患於未然，成就了一條「**隨時可以停，但因此不會
停的最堅強生產線**」。

Chapter 5
組織的共識和默契
以「捷安特之道」為例

參與的各方必須有共識和默契，如果大家的觀念不同，各行其是，再好的工具也無法發揮應有的效果。

在第四章，我分享了十五個活用「TAET 團隊當責賦權雙三角形」的範例，相信大家已經發現它很好用了。

透過 TAET 清楚界定團隊中各角色的任務，得以充分溝通、集思廣益、分工合作、互信互助地授權和分責。

更重要的是，透過這樣的實作訓練，可以培育出有能力、有擔當的人才，打造能夠團隊合作打勝仗的堅實組織。

不過，**TAET 能否成功運作，必要條件是參與的各方必須有共識和默契**。如果大家的觀念不同，各行其是，再好的工具也無法發揮應有的效果。

那麼，共識和默契要如何形成呢？這就要靠**組織文化**了。

什麼是組織文化？其意義是，組織成員受到長期的薰陶，

產生根深柢固、深信不疑的正確**經營理念**和**價值觀**，並以這樣的理念和價值觀，理所當然地去從事所有的活動。而所有活動長期累積，就形成了精神、文化和使命感，驅使組織和成員不屈不撓地朝願景和使命前進。

而捷安特長久以來，透過下列要素，打造了代表我們的理念、做法、品牌和價值的核心文化——**「巨大捷安特之道」**（The Giant Way）。我們在每個地方的做法可能不同，但「捷安特之道」這個組織文化到哪裡都不變，讓我們在團隊合作時得以形成共識和默契。

打造捷安特核心文化的要素

願景、使命與理念

因為有著「為人類打造一個精采的自行車世界，分享自行車騎乘的健康、喜樂、低碳的新生活文化，讓人們更健康、生活更美好、地球更美麗」這樣的願景，所以我們希望不斷提供更好的自行車產品和服務，作為人們最佳的嚮導和終身夥伴，啟動人們探索的熱情，享受精采美好的捷安特自行車世界。

至於巨大捷安特的經營理念，則分幾方面：

・**誠信**：不容許任何不法或違反善良道德的行為。

・**夥伴**：投資者和公司同仁當然是夥伴，但供應商和經銷商也是我們成功不可或缺的夥伴。我們像一家人，共同經營品牌和通路，為消費者的滿意而努力。

・**熱情**：我們熱愛自行車生活，打造創新價值的優良產品。我們要熱情推廣自行車新文化，成為消費者終身享受自行車騎乘喜悅的最佳嚮導和夥伴。

・**挑戰**：開拓挑戰、勇敢創新，是巨大人的 DNA。

「品牌是生命」的堅持

捷安特公司的四個品牌，無論是 GIANT、Liv、CADEX、MOMENTUM，都是從我們的願景、使命和理念而生，從我們長久以來所說所做的，一點一滴匯流累積而成，代表我們在廣大消費者心中所占的地位和呈現出來的形象。

所以，品牌是無價的、是我們的生命，需要全心全意地灌溉、維護。

捷安特「贏的公式」

不要做**生意**，要做事業。不要追求名和利，因為名和利都只是「副產品」，只要專心一意地做好「正產品」，應得的名和利自然會來。而什麼是正產品呢？**提供好品質、有創**

新價值的商品和服務，滿足顧客的需求，甚至超出顧客的期待。

那麼，是不是一味推出新技術、新商品，顧客就會滿意了？其實不盡然。當年手機的一方霸主 Nokia，打出「科技始終來自於人性」的口號，不斷推出技術更先進、功能更多、性能更優越，售價也更貴的新產品，令人眼花繚亂，但許多性能一般顧客可能永遠用不到。後來出現了蘋果公司，只用一隻手機「iPhone」就打垮了 Nokia 和其他競爭對手。Nokia 的執行長說了一句有趣的話：「我們沒有做錯什麼事，但莫名其妙就輸掉了！」

蘋果公司的聯合創辦人史蒂夫·賈伯斯（Steve Jobs）不興做市場調查，因為顧客在看到新產品之前，其實並不知道自己需要這個產品。另外，他認為顧客其實並不關心新技術，只關心這項技術能給他帶來什麼好處跟價值。

賈伯斯說自己「永遠站在人文和科技的十字路口」。他仔細觀察人文的變化，徹底站在使用者的角度來思考：一隻手機除了電話和計算機的功能之外，如果還能用手寫字、繪圖、放大畫面、照相、連接網路、傳輸圖文郵件、日程備忘錄、藍牙串流播放音樂，該有多好？蘋果公司活用相關技術，滿足了這些需求，提供使用大眾（非專業人士）簡單、方便、有效的功能和使用上的樂趣。

除此之外，賈伯斯打從做蘋果電腦開始，就堅持兩項原則：每個產品都必須美得像工藝品，而且要像自行車一樣被廣泛普遍地使用。

結果呢？過去十年，iPhone 改變了全世界人類的生活方式。

Nokia 也許真的沒有做錯什麼，但蘋果做對了很多事！

所以，我們總結了一條**捷安特「贏的公式」**：

$$CS = TBV = \frac{TCO}{LCO} \times Team \times Speed$$

CS（Customer Satisfaction）：顧客滿意度

TBV（Total Best Value）：最佳總合價值

TCO（Total Customer Orientation）：徹底為顧客著想

LCO（Low Cost Operation）：低成本營運

Team：團隊分工合作

Speed：速度

顧客滿意的程度，取決於最佳總合價值的大小。徹底為顧客著想產生的價值愈大（分子），且營運成本愈低（分母），總合價值就可以最大化；而透過團隊合作和快速行

動，就能讓這個贏的公式盡快發揮更大效果。

然而，一般常見的是斤斤計較降低成本，而忽略了顧客的需要；或者相反地，重視顧客需求，但是因為組織龐大、營運浪費，或是沒有努力降低成本，使得產品售價偏高。無論哪一種狀況，都不能讓顧客真正滿足。

顧客既要**高價值**，也要**合理的價格**，這就是我們「贏的公式」的精髓所在。

保持小公司的靈魂

公司和組織的能力可以變得更強大，但不能患上組織龐大症。我們謹記這一點，告訴自己必須永遠保持小公司的靈魂，不忘初衷，這樣才能手足相連、分工合作，讓行動靈敏迅捷，勇於面對變革和挑戰，與時俱進。

不求第一，要做唯一

公司的規模大小不重要，要成為 One & Only 才能生存，才有存在的意義。

我們可以、也必須向世界學習，而且要終身學習，但必須把學習的心得內化，變成我們自己獨特的「巨大捷安特之道」。

Be First；Be Best；Be Different。

回歸原點、努力創新，做獨一無二的自己。

產品或技術最好是我們首創的；若不行，就要成為最好的；最起碼，也要是與眾不同的。

持續改善，追求卓越

任何事物沒有所謂最好，只有更好，都有無限的改善空間。

透過持續的改善活動，才能使品質向上提升，成本更低，消除浪費，增進效率；更重要的是，在改善進行的過程中，育成了優秀的員工和高效能的組織。

下面舉幾項巨大捷安特常用的釐清並改善問題的工具或心法。

PDCA 管理改善循環

PDCA 是常用的循環式品質管理工具（如下頁圖 5-1），透過 Plan（計畫）—Do（執行）—Check（查核）—Action（行動）這個流程，先擬定計畫，然後依據計畫執行，過程中必須隨時查核檢視計畫與執行是否有落差，提出改善之道，再採取行動修正做法。這套改善工具簡單卻有效，不過重點是要配合標準化的執行，才能定著，日積月累，循序漸進。

圖5-1

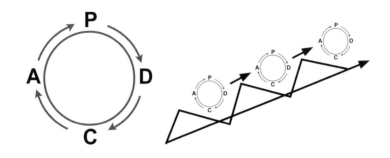

三現：現地、現物、現實

先講個故事。

一個漆黑的晚上，有個人在路燈底下，低頭看著地面走來走去。一個剛好經過的人看到了，就問他：「你在幹什麼？」他說：「我在找我遺失的鑰匙。」

那個好心人陪著他四處尋找，但過了好久還是找不到。於是，那個人就問他：「你確定你的鑰匙是在這裡掉的嗎？」他答道：「不是。」好心人再問：「那你為什麼在這裡找？」他回答說：「因為這邊有燈比較亮！」昏倒了吧！

聽起來是個莫名其妙的笑話，但實際上還真有很多人是這樣對付問題的。他們不到現場，沒有根據實際的事或物，去真正地觀察、分析，了解真實狀況，而只是聽聽報告，或者

憑自己的經驗或想像就做出判斷。這樣得出的判斷或問題解決方法，怎麼會對呢？

所以，養成現地、現物、現實這個「三現」的良好習慣，就事論事，才是解決問題正確有效的做法。

五個「為什麼」

解決問題之前，必須先找出「真因」，才能對症下藥，徹底改善。

前面提到我們在公司推動豐田生產系統，而連續問**五個「為什麼」**（**5 Whys**），正是豐田公司追根究柢、挖出元凶的不二法門。

舉個例子：

在某工廠裡，有一部機器常常故障，造成維修人員很大的負擔。維修組長決定親自來解決這個問題。

為什麼故障？現場人員沒有正常操作。

為什麼不能正常操作？因為機器常常過熱。

為什麼機器過熱？因為潤滑油不足。

為什麼潤滑油不足？因為例行保養時，加油動作沒做好。

為什麼例行保養的油都有加了還會過熱？原來是機器內進油口的過濾網被雜質堵住了。

找到眞因、清理了過濾網之後，機器不再發熱，問題完全解決。維修組長並且把清潔過濾網列入例行保養的標準項目，徹底防止再發生同樣的問題。

各種問題都一樣，我們在想要解決問題時，一般問到第三個「爲什麼」，就會覺得差不多了，所以往往沒有找到眞正的原因，而問題也沒能被徹底解決，以致「老毛病」會不斷發生，問題層出不窮。

我想，大家都認爲改善很重要，也很想把它做好，但除非能善用前面所列的幾項工具，並且有追根究柢的精神，否則是無法眞正做好改善的。

容錯精神

嘗試創新產品或服務時，難免會有犯錯或失敗的時候。

即使最厲害的棒球打擊手，平均安打率也不到四成，所以我們鼓勵大家勇於嘗試、盡力做好，不要怕失敗。

但是，不能白白失敗，一定要從失敗裡學習，累積經驗，不犯同樣的錯，並逐步提升成功率才行。

正確的團隊精神

在前一章，我已經舉了很多例子，來說明團隊角色扮演的

重要性。但是，除非大家都有正確的**團隊精神**，否則真正的團隊分工合作還是很難產生。

尤其當公司組織大了以後，各部門容易產生本位主義，單位之間立起看不見的高牆，各部門都認為自己才是最重要的而彼此計較，不但只重視自己的業績和成功，更有甚者，還會冷眼旁觀，幸災樂禍地看其他部門的失敗。

我常常用下面的「人形圖」來說明團隊的運作。

圖5-2

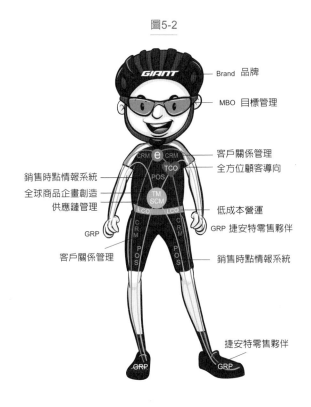

「一個小而強的公司」的運作，其實和「一個人」很像。

各個部門就像人的某個身體部位，各部位的大小不同、功用不同，但都各司其職、分工合作，**每一個都很重要而不可或缺。**

沒有眼睛就不能看，沒有鼻子和肺就不能呼吸，沒有口就不能說話和進食，沒有腸胃就不能消化和排泄，沒有心臟和血管就不能把血液送到身體各個有需要的地方，沒有神經就不能有自律反應，沒有免疫系統就無法抵擋病毒的入侵，沒有手就不能拿東西，沒有腳就不能走動，沒有大腦就無法思考和判斷，沒有小腦就無法運動。

總之，一個正常的人需要靠**所有身體部位的團隊分工合作**，才能生存、活動，或者去進行他想做的事。

哪一個部位比較重要？都重要！其實，即使是最小的身體部位出了問題，人也會生病的。此外，想像一下，如果各個部位都不能各安其分，都羨慕別的部位比較好呢？假如每個身體部位都希望當眼睛，會怎麼樣？

自主專業經營

人體的大多數部位本身都有一個自主自律的系統，例如呼吸系統、消化系統、循環系統、免疫系統、自主神經系統、記憶分析系統、生化平衡系統等。即使人在睡眠中，這些系

統依然很自主專業地運作，維持人的生命；而當有危險狀況或病毒入侵時，這些系統會立刻自主反應，來保護人體的健康。

公司的各個部門或機能，也像人體各部位一樣，本身必須具備自主專業經營的能力，才是好的、健康的。

協同合作創贏

一個人參加跑步比賽時，大腦下達命令，眼睛看著目標，手腳開始前後擺動、跨步，心跳開始加速，血液增供給，肌肉開始發力，神經緊繃，腎上腺素開始分泌提供爆發力，小腦保持身體平衡。這時候，全身的各部位都動起來，分工合作，朝向同樣的目標，為了贏得比賽而全力衝刺。

前面提到，公司的各個部門或機能就像人體部位，平常自主專業地經營，但碰到要完成共同目標時，**由總部發令，所有的部位都動起來，分工合作，朝向同樣的目標全力衝刺**，協同合作創贏。

自行車新文化的傳教士

受到標哥 2007 年自行車環島成功的啟發，我在 2008 年也率領 A-Team 的會員完成環島。之後並成立捷安特旅行社，

繼續推動環島一周及各項自行車騎遊活動。

標哥和我親身體驗，發現了自行車騎乘真正的樂趣和好處。尤其我們兩人都長期飽受腰痛之苦，在持續騎車之後竟然不藥而癒，更體會到騎車對健康的神奇正面效果。所以，我倆以傳教士的精神，逢人就熱情推薦騎車的好處。

在自行車新文化基金會及捷安特旅行社的大力推廣之下，臺灣掀起自行車新文化的風潮，十年間，把原來是自行車沙漠的臺灣，改頭換面成自行車的天堂。

標哥和我因而被稱為自行車的「銀髮牧師」和「光頭牧師」。

有了臺灣的成功經驗，我們就想把自行車新文化也向全世界推廣。

當時，我們全世界各分公司的總經理和重要幹部雖然都有騎車，但僅止於休閒運動。我們深知**沒有經歷過真正長程挑戰的騎行，是無法體會自行車騎乘真正的喜樂和好處的。**

於是，我在 2011 年舉辦「騎遇福爾摩沙」八天自行車環島的挑戰活動，邀請全球各國的總經理和總部重要幹部參加。

我選在 1 月舉行，因為那是全球業務的淡季，碰巧遇到臺灣十年難得一見的超級寒流，使得那一次的騎行更加辛苦。荷蘭的總經理威廉騎了一輩子的自行車，但沒有爬過山，對

臺灣的「壽卡」留下終身難忘的深刻印象，而總部的許多同事也是第一次完成這樣的壯舉。

　　環島成功，回到巨大總部，我向大家恭喜，並且宣布他們都已經正式「受洗」成為「自行車新文化的傳教士」了。全球每一家捷安特的店都是「教堂」，他們要把自行車新文化的福音帶回各國，在全世界廣傳，直到地極。而我們所有人也在組織核心文化的薰陶下，有共識朝著這樣的使命邁進。

（參見彩圖54、55）

Chapter 6
打造服務型結構組織
以威信服人的僕人領導

用這種「服務型」結構的組織表，我們就不會為組織內部的管理而管理，而能夠全員聚焦於如何徹底為顧客著想。

　　提到團隊組織，目前常用的正三角形組織表，一開始是為了軍事上的使用目的而發展出來的。將軍在最上面，向校官發號施令，校官指揮尉官，尉官指揮士官，士官帶領戰士，消滅敵人（如下頁圖 6-1）。

　　軍中講究的是絕對服從上級命令，並且有嚴厲的軍法審判來維持紀律。這一套指揮系統，對要求士兵視死如歸、奮勇殺敵，完成作戰計畫和任務而言，是非常有效的，該死的敵人放在三角形最下方也是應該的。

　　這套軍事指揮系統的進化，在第二次世界大戰達到了極致，也讓盟軍獲得最後的勝利。

　　戰後的美國將這套系統帶進汽車製造工廠和企業界，大幅

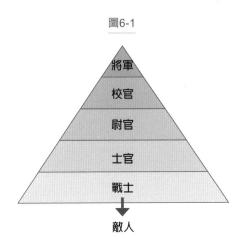

圖6-1

提高了生產力和管理效率，因此成為現代管理理論、組織和方法的鼻祖，並成為全世界競相模仿的典範。

同樣的正三角形，執行長在最上面決定策略目標，下達命令給總經理，總經理擬定計畫，下達命令給經理，經理指揮課長，課長指揮從業員，從業員負責完成工作任務，提供產品或服務給顧客（如圖 6-2）。

企業使用的這個組織表，正如軍事上使用的一樣，屬於「管理型」結構，上面的命令一層一層向下傳達，對於策略目標的設定、計畫的管理、預算成本的控制、團隊的分工合作、執行的紀律、任務的達成，都非常有效。

但是，軍事用的組織表把敵人放在最底下是有道理的，因為敵人是要被殺掉的；而企業的組織表也把顧客放在最底

圖6-2

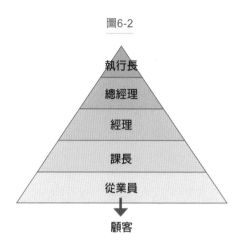

下，難道也是要把顧客殺掉嗎？大家都知道「顧客至上」的
道理，「以客為尊」也是每個企業最重要的工作，卻又把顧
客放在最底下，這不是很矛盾、很奇怪嗎？

🔗 把消費者放在最上端的倒金字塔組織

在捷安特，我們的經營組織表長得像下頁圖 6-3 這樣的倒
金字塔。

我們**把消費者放在最上端**，希望能夠啟動他們的熱情，分
享自行車騎乘的喜樂和健康美好的生活。

我們的零售夥伴（捷安特店）的任務，就是熱情提供最專
業的產品和服務，協助顧客選購合適的產品，確保他們有正

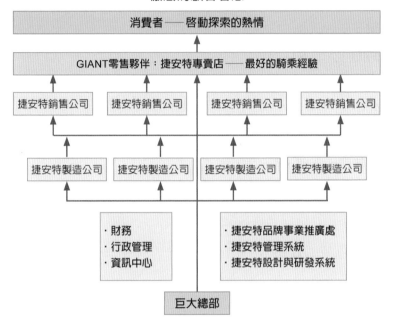

圖6-3

徹底為顧客著想

消費者——啟動探索的熱情

GIANT零售夥伴：捷安特專賣店——最好的騎乘經驗

捷安特銷售公司　捷安特銷售公司　捷安特銷售公司　捷安特銷售公司

捷安特製造公司　捷安特製造公司　捷安特製造公司　捷安特製造公司

・財務
・行政管理
・資訊中心

・捷安特品牌事業推廣處
・捷安特管理系統
・捷安特設計與研發系統

巨大總部

確的了解和騎乘體驗，導引並陪伴他們進入自行車的美好世界。

　　各國銷售公司的使命，則是專業地提供最好的產品、供應、品牌行銷、服務、訓練等，來支援協助我們的零售夥伴，讓他們可以順利完成滿足顧客的任務。

　　而全球的製造廠和供應鏈的使命，就是因應各銷售公司的需求，及時提供高品質、高價值的產品，來支援銷售公司順

利完成他們滿足零售夥伴的任務。

至於總部和執行長則在最底下，提供策略規畫、品牌行銷、創意開發、科技支援、財務和管理等資源，以第三章提到的「大三 S」（Strategy / Support / Service，策略 / 支援 / 服務）的精神，全力協助上面各階層，讓他們成功達成各自的使命。

用這種「服務型」結構的組織表，我們就不會為組織內部的管理而管理，而能夠全員聚焦於**如何徹底為顧客著想**，並集中力量群策群力，來完成這個重要的使命。

🔗 人無法被管理，只能被領導

經營是「做對的事」，管理是「用對的方法把事情做好，並持續改善」，然而，經營管理的根本還是在人。

「物」和「事」可以被有效管理，「人」則沒有辦法。當然，你可以設下很多規章制度來約束人的行為，定下目標或考核基準來驅使人不得不做事，但如果要讓人心甘情願為了某項使命全力付出、奮戰不懈，只靠管理是做不到的。

所以說，**人無法被管理，只能被領導。**

在一般的組織之下，管理靠的是「威權」，而威權來自組織中地位的高下，是可以靠關係或用金錢買來的。在組織

裡，下屬若不服從上司的命令，輕者加以懲戒，重者可以叫你滾蛋，所以組織成員往往不敢得罪上面的人，重視內部上司甚於外部顧客。不過，威權也會隨時因組織變更而喪失，失去威權的人打回原形，是沒有人會尊重的。

那麼，領導是什麼？

領導力是一種「技能」，可以產生「威信」，可以「影響」他人，讓人心甘情願地支持你，並為你堅持的使命奮戰不懈。

領導力是天生的嗎？

也許你的領袖氣質、口才和魅力對領導力有點幫助，但絕大多數是後天學習培養而來的「性格」。所以說，**領導是一種技能，因為它是可以被學習和磨練的。**

和威權不同，威信不是來自地位的高低，不是錢財可以買賣的，也不是別人可以拿走的，它的影響力是長遠的。

那麼，一個好的領導者的「威信」又是如何形成的呢？

首先，他要有一個堅持完成的使命和願景；其次，他會以身作則並透過愛的行動，去關心、要求、鼓勵、讚美他的團隊，協助支持團隊成員成長、進步、成功。

然後，他還要願意無私地犧牲奉獻。這樣他就建立了自己的威信，而眾人因為他的威信，就知道他是個好領導者。

古今中外，有許多偉大的領導者。孔子開創儒家思想，對

中華文化有深遠的影響；美國的林肯總統，為解放黑奴犧牲生命，為人權平等打開道路；聖雄甘地，以不流血的抗爭，終於使英國同意印度獨立；馬丁路德帶動了基督教宗教改革；德蕾莎修女因為長年默默為貧窮困苦的人犧牲奉獻，贏得世人的尊重和跟進；釋迦牟尼痛惜人間疾苦，創立了佛教。

此外，全球各界的優秀領導者不勝枚舉，這些人的出身和成就雖各有不同，但都有個共同的特色：**不靠威權，而是靠威信。**

互惠雙贏的僕人領導

前面提到，一個好的領導者能夠產生威信，能夠影響他人，讓人心甘情願地支持，共同奮戰不懈，而他的追隨者也能在他的領導下日益成長、進步。

那麼，全世界最有影響力的領導者是誰？

是「耶穌基督」。

耶穌是木匠之子，在世只有三十三年，從三十歲起開始傳講天國之道，教導人要「行公義，好憐憫，存謙卑的心與主同行，愛人如己，榮神益人」。三年後，被釘死在十字架上，為全人類做了贖罪祭；三天後死裡復活升天，並給了他的十二個門徒一個大使命：把福音傳到全世界，直到地極。

現在全世界有超過三分之一的人口信奉基督教；西方曆法的計算，以耶穌的誕生為界，分為西元前（BC）和西元後（AD），至今已經是 2021 年了；基督教只有一本《聖經》，被翻譯成三百多種語言，是全世界最暢銷的單本書籍。

很多人開始研究，為什麼耶穌基督可以有這麼強大的領導力，以及如此深遠的影響力？他的祕密是什麼？

答案是：**僕人領導**。

〈聖經‧馬可福音〉第十章四十三～四十五節：「你們中間，誰願為大，就必作你們的用人。在你們中間，誰願為首，就必作眾人的僕人。因為人子（耶穌）來，並不是要受人的服事，乃是要服事人，並且要捨命作多人的贖價。」

現在有愈來愈多企業，開始學習並採用「僕人領導」。許多人深信，如果想要成就能永續經營百年以上的企業，這種領導方式可能是最關鍵而有效的途徑。

誰是世界的領導者？

第二次世界大戰之後，大多數國家都在戰後辛苦重建，美國變成最大的獲益者，成為全世界科技、製造、財富和人才的匯集地。在作為世界工廠和金融中心的沃土之上，美國成為世界唯一的強國和最大的市場，民主、平等、自由經濟的美國夢成為世界各國羨慕和取經的對象。

美國是以基督教立國的，民有、民治、民享的理念在在可見「僕人領導」的精神，而作為二戰後世界唯一的強國，他們也以全世界的和平、安定、健康、發展、人民福祉為念，出錢、出力、出人，幫助世界上需要協助的各個地方。這樣的理念和行為形成「威信」，獲得大多數國家的肯定、感謝和尊敬，所以二戰至今，大家都奉美國為理所當然的「世界領導者」。

但自從川普當選美國總統之後，一切以美國為優先，把原有的「僕人領導」傳統美德完全拋在腦後，以美國的「威權」處處引起爭端，又退出世界衛生組織和環境保護公約等。他的所有行為完全只以美國利益為考量，不顧他人，使得美國的世界領導者地位在各國人民心目中不免大打折扣。

另一方面，中國大陸自從鄧小平改革開放以後，積極建立「有中國特色的社會主義」，活用海峽兩岸及全球的資源，在全球化的浪潮裡，不但成為「世界的工廠」，更漸漸形成「世界的市場」，在短短數十年裡成長茁壯為十四億人口的全球第二大經濟體。

而中國即使已經躋身強國之列，仍然保持謙虛和平的態度，對全世界各個國家，無論是位處歐洲、美洲、非洲或亞洲，無論大小貧富，都視為友好兄弟之邦，常伸出友誼的援手給予必要的幫助。除此之外，更積極參加所有的世界組

織，出錢出力，不落人後，因此在國際間建立了很正面的形象，影響力也與日俱增，漸漸成爲僅次於美國的領導國。

說來很有意思，共產黨是無神論，但中國過去數十年的所作所爲卻有很多符合「僕人領導」的精神。他們高舉的宗旨是「爲人民服務」，抱持著「讓人民過更好的生活」的使命，對世界各國的態度則是「四海之內皆兄弟」，相互扶持，共存共榮，也因此產生了「威信」，讓中國的和平崛起逐漸受到大家的信任和尊重，在國際間的地位和影響力與日俱增。

可惜的是，最近幾年中國國力愈來愈強、科技軍事實力愈來愈雄厚，在不知不覺中，從過去的多做少說、默默耕耘，逐漸變成現在大聲宣示超歐趕美的決心，引起以美國爲首的西方世界的戒心和防備。而本來再過二十年可以平順解決的「香港一國兩制問題」，卻在 2020 年以強硬的手段霸王硬上弓，讓世人看見中國從「威信」向「威權」轉變的威脅，原本立意甚好，很受歡迎且進展順利的「一帶一路，有福同享」戰略，也開始在人們心中留下一個懷疑擔憂的問號。

到底中國未來是不是一個值得信任和尊重的世界領袖？

全球都在看中國如何回應中美之間的衝突，以及如何處理兩岸之間的問題。

畢竟，大陸和臺灣是貨眞價實的親兄弟，如果大陸對「親

兄弟」都不好，更何況是其他所謂的「四海之內的兄弟之邦」呢？

Chapter 7
自己的人才自己訓練
捷安特的人才樹

樹苗種在盆子裡,只能長成盆栽;希望它長成大樹,就必須提供夠大的空間。真正想愛護好的接班人才,就要盡早給他們更多磨練和揮灑的空間。

　　人是一切的根本,有優秀的人才和組織,才能創造有意義的事物,使這個世界變得更好。

　　上帝造人,每個人都不一樣,連指紋都沒有重複的,實在是不可思議。神給每個人的天賦和能力也不同,如何適才適用,幫助每個人將自身能力發揮到極致,是領導者的重要任務。

　　某些必要人才,可以視需要從外部物色,但是**公司真正的核心人才,只能從內部自己訓練**。

　　所謂「**自己的城池自己守,自己的人才自己訓練**」,這是我們一直秉持的信念。

二意、三心、四力、一精神構成的「人才樹」

公司需要的人才如何分類？內涵和要素是什麼？要訓練他們成為怎麼樣的人才？

在巨大捷安特，我們用圖 7-1 的「人才樹」來概括說明上述問題。

所有的人都必須具備「二意」：**誠意和創意**。

誠信踏實的人，才能認真工作，虛心學習，做中學、學中

圖7-1

捷安特人才樹

團隊精神＋執行力

捷安特人才樹：
二意、三心、四力、一精神

必要條件	充分條件	核心優勢
企圖心	全方位思考	領導與創新力
上進心	正向思考	經營與改善力
責任心	安心	管理與控制力

誠意／創意

做，鍥而不舍，累積經驗變成智慧和技能，成為可靠有用的人才。

每一個人都要有創意，不論大小。人都有想把事情做好的本能，要思考如何發揮創意、不斷改善，才能進步向上，精益求精。

而人才樹把人才分成三個層次：**營運管理骨幹、經營改善幹部和領導創新英才**。

營運管理骨幹

他們是公司最重要的中堅骨幹，負責掌控管理公司所有的營運，包括研發、製造、行銷、服務、財務、管理等工作。由於他們的認真負責、分工合作，確保了效率、品質和成本等，經年累月，每日默默付出，公司才能順利運作和生存。

這個層次的人才，需要有強烈的「**責任心**」，必須具備「**管理與控制力**」，是能讓人安心信任的人。

經營改善幹部

他們是公司的核心經營團隊，決定戰略方向、謀定作戰計畫，率領團隊完成任務、達成目標、拔擢人才，並且持續改善，強化公司實力。

這個層次的人才，需要有積極的「**上進心**」，必須具備

「**經營與改善力**」，是能正向思考、主動挑戰的人。

領導創新英才

他們經過從下而上的多方歷練，身經百戰，贏得威信，經驗已經昇華爲智慧，是領航公司邁向不可知未來的菁英人物。

這個層次的人，需要有旺盛的「**企圖心**」，必須具備「**領導與創新力**」，有大格局，能全方位思考、能洞悉未來，是與時俱進、勇敢開創新局的人。

以上三個層次的人才，都必須具備明快有效率的「**執行力**」和同心協力的「**團隊精神**」，才能團結一致，攻無不克，戰無不勝。

人才必備要素：二意、三心、四力、一精神

綜合梳理一下，人才必須具備的要素可以歸納爲：

- 二意：誠意、創意。
- 三心：責任心、上進心、企圖心。
- 四力：管理與控制力、經營與改善力、領導與創新力、執行力。

· 一精神：團隊精神。

尋找人才時，學歷重要嗎？

有好的學歷，只表示你對某方面有學習過一些專門知識而已，進入職場才是人生真正學習的開始。**透過做中學、學中做，才能獲得寶貴的經驗；而經驗經過反覆驗證，最後才能變成智慧。**

從我多年帶人的經驗來看，大體來說，在學校裡念什麼科系其實不那麼重要，因為絕大多數的智識和技能，公司都可以教你。我們在選人才的時候，最主要是看那個人的「**觀念**」和「**態度**」，因為觀念決定思想，思想決定態度，態度決定行為，行為決定性格，性格決定命運。

其實在巨大捷安特，絕大多數擔任重要職務的人，做的工作都和本來在學校的主修沒有關係，都是跨領域，或是融合成為一個新領域。下面就舉幾個捷安特同事為例，說明我們選人看重「態度」，讓人才透過做中學、學中做，逐漸成長。

古榮生是捷安特的業務長和副製造長，2020 年剛退休。
1983 年，我要為新成立的臺灣捷安特行銷公司物色一個

內銷業務後勤管理的人，古榮生來應徵，當時他在一家知名玻璃公司做外銷船務的工作。我問他有什麼專長，他笑咪咪地答道：「我是輔大圖書館系畢業的，真的沒什麼特別的專長；一定要說的話，就是我工作認真，而且喜歡與人相處。」他進公司後，真的如他所說，工作認真負責，而且同事沒有一個不喜歡他的。幾年後，調他去巨大外銷部門當課長，做得有聲有色，尤其是客人都喜歡他，後來升為經理。

1993 年，捷安特中國廠開始外銷，我們把一家量最大的客戶的生意逐步從臺灣移轉過去，但接下來的幾年業務配合一直不順，和客戶發生很多爭執。1998 年，客戶親自來找我，要求我把古榮生調去中國，否則他就不跟我們做生意了。我和古榮生討論後，把他派去昆山擔任中國廠的外銷業務主管。從此，就不曾再聽到那個客戶的抱怨，業務年年成長，也有合理的利潤。

我請教古榮生，他是怎麼做到的？他答道：「其實沒什麼，我只是事事為顧客著想，盡心盡力去滿足他們必要的需求而已。」他是**滿足顧客必要的「需求」（品質、交貨、成本、售服），而不是滿足他們的「欲求」（不合理的殺價或交易條件）**，所以能在讓顧客滿意的同時，兼顧公司的合理利潤。

2005 年，我在捷安特的全球工廠推動豐田生產系統，但

是在中國一直進行不順利，工廠負責人不夠熱心，以及臺幹和陸幹之間無法融合，是主要的問題。

我找古榮生來商量，考慮派他去主持工廠。他很樂意接受挑戰，但是擔心自己完全不懂生產製造，不知能否勝任。

我告訴他：「你的一張白紙是個優點，因為你沒有成見和包袱。而且豐田生產系統的原點是『改善』，而改善是從需求出發的。你對滿足客戶需求有所執著，就已經成功一半了，至於這套系統的原理、原則和實務的推動，我和我們的豐田生產系統改善專職幕僚郭芳誠會全力支援你。你只要全心相信、努力學習，並以身作則，帶領團隊扎扎實實地在現場推動就好了。」

於是，古榮生被指派擔任捷安特中國廠的總經理，全心全意認真推動豐田生產系統；五年後，中國廠成為集團所有工廠裡的豐田生產系統示範廠。而古榮生後來調回臺灣，由他的左右手、大陸同事劉曉雨順利接任總經理。

邱大鵬從工廠的物料課長、生管課長，調到公司的管理部，再升任稽核長。後來調去中國主持合資的「巨鳳公司」，負責製造和品牌市場的經營，最後調回總部擔任總管理處的幕僚長，對公司有很多重要的貢獻。

黃進來是個怪才，每次碰到非自行車產品的特案，都是交由他去嘗試、發展。他肯用心鑽研，鍥而不捨，屢敗屢戰，

愈挫愈勇，且好學不倦，結合產官學，跨界學習，終於為巨大創造了自行車以外的新事業。

陳經才是馬來西亞華僑，在巨大臺灣總廠負責工業工程，之後留職停薪到美國進修。回來後派到荷蘭擔任捷安特歐洲廠的總經理，現在兼管匈牙利工廠，為巨大培育了到外國設廠營運的重要能力。

鄭和金是印尼華僑，原本是產品開發課長，與我一起發展出全球商品企畫創造的系統方法，後來派去歐洲捷安特擔任產品協理多年，再調回中國擔任技術開發協理。之後調派去日本子公司穗高（Hodaka）擔任副社長，最後調回總管理處擔任幕僚長。他大概是集團裡國際輪調經驗最多的人。

溫絮如原來是荷商飛利浦臺灣公司的人事主管，巨大為了人事國際化，請她進來。她原想直接導入過去所學的飛利浦人事制度（在國際管理學上非常有名），但真正了解「捷安特之道」的精神後，就綜合各家之長，發展出我們自己獨特的人事管理和培育制度。現任集團幕僚長。

高培垣是法律專才，過去曾為我國負責 WTO 事務。巨大是全球經營的公司，國際法律問題層出不窮，他進來後，面對歐洲的種種反傾銷相關案件，以及後來的中美貿易戰，歷經磨練，成為傑出的法務長。

劉素娟在捷安特中國公司擔任外銷主管多年，後來負責

Liv 品牌在中國的推展,成立「木蘭女子車隊」,騎遍大江南北。調回總部後,成功負責推動數位行銷。現任集團行銷長。

高豐能從財務部做起,再調稽核,後來派任捷安特加拿大公司的總經理。回國後,先後負責商品部和品保部,現在是國際市場的負責人。

這裡只是舉幾個例子而已。在巨大集團裡,跨越原來的領域,經過嚴厲磨練、挑戰成功的優秀人才,其實多不勝數。

培養出有膽識的人才,放心傳承

我這一生,最幸運的是遇到標哥。

他大我十三歲,對我亦兄亦友,不小看我年輕,容許我平起平坐,也任由我做夢,並共同築夢。我們兩人個性和長處雖然大不相同,理念和做人做事的原則卻很一致,所以能一拍即合,成為終身的好夥伴。

我們共事的前半段,不分你我,各展所長,相輔相成。標哥主內、我主外,兩人三腳地帶領公司團隊共同開創了「捷安特 GIANT」這個品牌,奠定巨大在全球自行車製造供應的優越地位。

後半段，標哥讓我擔任總經理，之後擔任執行長，他則從董事長的高度指導和支持我，讓我能盡情地帶領公司飛向藍天、駛向藍海，這是我最為感恩的。

我們兩人四十三年合作無間的成功故事，也在海內外企業界留下了一段佳話。

也因為如此，當我們在 2016 年底突然宣布兩人同時退休交棒的消息時，引起外界不小的震撼。

其實，我和標哥當年就有「一起努力二十五年之後，一起退休」的君子協定，只是不知道會把巨大捷安特搞得這麼大，並跨足所有的價值鏈，所以不得不食言而肥，延到四十三年後才終於完成共同退休的心願。（參見彩圖 56）

創業家退休交棒時，往往是公司生死存亡的關鍵時刻，所以我們的共同退休，引起很多人的關心和疑慮。但幾年下來，新的經營團隊做得有聲有色，即使面臨中美貿易戰，以及新冠疫情的衝擊和考驗，也都因應得宜，不但順利過關，還把公司帶到更高的層次。我們成功的傳承，也為企業界留下一個好的範例。

外界看來，標哥和我的共同退休來得很突然，其實我們對接班人才的培養和訓練，是下了很長遠的用心和工夫的。

現在的董事長杜綉珍是個正向樂觀、個性開朗、聰明細心、做事認真的人。她是學英國文學的，一口字正腔圓的正

統英文，連老外都刮目相看。

她進巨大時先擔任標哥的英文祕書兼國外採購，後來公司變大了，她就調到管理部；之後要籌備上市了，就派她擔任財務長。她做什麼像什麼，在她的帶領之下，巨大順利上市，在外資經理人眼中，杜綉珍是最優秀和最值得信任的財務長。

在她兼任執行副總經理的時候，捷安特加拿大公司表現不佳，我就請她兼任加拿大公司的總經理。在她的精心努力之下，加拿大公司脫胎換骨，成為市場的領導者。

之後，我希望為女性消費者提供真正為她們開發的產品和服務，就請她主導，開創全新的女性專屬品牌「Liv」。十年來，在她的領導之下，Liv為女性開發了許多優質美麗的產品，虜獲許多女性消費者的芳心，成功地將Liv打造成為全世界唯一的女性自行車品牌，並獲得很大的市占率。除此之外，她更以身作則，成為真正的自行車生活愛好者、高水準的騎士，以及品牌的最佳代言人。

所以，在接任成為董事長時，杜綉珍已經是文武雙全，集管理、財務、公司經營、產品、品牌、市場、行銷的經驗和實力於一身，擔任董事長的職務駕輕就熟、得心應手，更被外國媒體選為全球對自行車最有影響力的女性企業領導人。

至於新接任執行長的劉湧昌，則是個待人和善、心胸開

闊、聰明點子多、活動力很強、勇於創新的人。

他從美國學成歸國後，進入巨大，歷經品保、開發的現場工作訓練後，負責全球商品企畫的工作。

1992 年，巨大在江蘇昆山設廠，並要在中國推展捷安特品牌業務。當時的中國交通不便，生活機能落後，社會治安未上軌道，要從臺灣外派幹部過去很不容易，大部分的人都以上有高堂老母、妻子還年輕、孩子還幼小為由，盡量推拖不去。

我和那時才新婚兩年的劉湧昌商量要派他去中國，告訴他中國捷安特品牌的重要性，以及我想派他去負責這件事。我對當時的對話印象深刻。

「你認為我行嗎？」他問我。

「一定可以，我對你有信心，而且我一定會支援你成功！」

「好，我去！」他爽快地答道。

「要不要回家跟老婆商量一下？」

「不用。」

「要不要先跟媽媽報告一下？」

「不用。」

「要不要跟董事長你老爸請示一下？」

他一臉正氣，堅決地答道：「我自己的事，我自己做

主！」當時我就對他的格局和勇於任事的性格，留下深刻印象。

劉湧昌在中國大陸二十年，一手打造捷安特成為中國第一品牌，建立了超過兩千五百家捷安特專賣店的完整通路。之後，他不但協助劉素娟在中國推動 Liv 這個女性品牌，更自己推出巨大集團快樂騎行的第三生活品牌「莫曼頓」（MOMENTUM），引領中國自行車市場按部就班地與世界先進市場接軌。他升任中國公司總經理後，也由他的左右手朱雄瑜順利接任中國市場總經理。

劉湧昌在總經理任內，也籌建了捷安特天津廠，並破格選派臺灣總部的資訊經理李敏卿去天津擔任總經理。在他們兩人手裡，順利完成新廠的建設和營運，留下了寶貴的經驗。

接任集團執行長的時候，他對公司所有的機能，除了財務之外，舉凡品牌、行銷、產品、開發、生產、製造、經營、管理，都已具備豐富的經驗，能輕鬆上手，運籌帷幄、指揮若定。

杜綉珍和劉湧昌相輔相成，結合成強大的領導班子，加上優秀的各機能團隊，我確信他們一定會把巨大捷安特帶到一個更美好的未來。（參見彩圖57）

樹苗如果種在盆子裡，只能長成盆栽；希望它長成一棵大樹，就必須提供足夠大的空間。

眞正想愛護好的接班人才，就要盡早給他們更多磨練和揮灑挑戰的空間。

職場有退休，人生沒有

在巨大捷安特工作了四十三年，每天都是一大早就去公司上班，一年裡總有許多日子要在全球飛來飛去。忽然退休了，只擔任董事和最高顧問，說實在的，一時還很難適應。

彭蒙惠老師是我非常敬佩的虔誠傳道人。她二十四歲就離開美國去中國宣教，後來隨政府撤退到臺灣，成立空中英語教室和天韻合唱團，一邊推廣英文教學，一邊傳福音。過去她曾多次邀我去向她的員工做短講分享，我都因爲工作忙碌，未能成行；知道我退休後，她又再邀我，這次我就當仁不讓了。她要我先參加他們每天早上八點半到九點的上班前早禱會，看到九十高齡的她坐在樂團中間，中氣十足地用她心愛的小喇叭吹出嘹亮的樂聲，帶領同仁敬拜，令我衷心感佩。

中午一起用餐時，談及我退休後閒下來的失落感，她跟我分享自己的退休心得。

滿六十五歲那年，她已經訓練了接棒的執行長，打算退休了。那時，她剛好有機會回美國，就去拜會一位前輩牧師、

向他請教。那位牧師告訴她：「**職場有退休，生命是沒有退休的！**」回來後，她把公司的工作完全交給執行長，但每天仍然七點就去保留給她的創辦人辦公室，忙碌地推動福音工作。她說她忙得都忘記年齡了。

彭蒙惠老師的一席話，讓我豁然開朗。我是從公司的職場退休了，但我的生命才剛展開另一個嶄新的階段，我要健康喜樂地活出美好有意義的人生。

我開始學鋼琴、苦練日文，並以「自転車新文化基金會」會長的身分，常去日本協助有心的地方政府，推動自行車新文化。

我繼續打太極拳和騎自行車，以保持身體健康。我五十八歲才真正愛上騎自行車，每年騎車環島一次，已經環島十三次了。2018 年，我的四個孩子 —— 貴丹、大為、俊為、主為 —— 從各地回來，陪我完成慶祝「十勝環島」的壯舉，特別有意義。

有人問我，同樣的環島進行了這麼多次，不會覺得無聊嗎？

才不會呢！開車太快，走路太慢，只有騎自行車，可以身在其中，欣賞美麗的風景。我熱愛臺灣，每年一次用雙腳踩動兩輪，近距離地觀察臺灣風土、社會、人文、生活的改變，每一次都看到臺灣的進化，令人開心和感動。同時，這

等於又做了一次「**身心的全面健康檢查**」，只要可以九天騎完有山有海的九百公里，健康肯定沒問題！我打算持續每年環島一次，看我可以騎到幾時。

幾年下來，我和太太也完成了西進和北進武嶺、韓國漢江縱騎、日本四國一周、南法騎遊等活動，為我們的生活增添了許多樂趣。

此外，我也有很多演講機會，可以分享工作的經驗和心得，以及自行車騎乘的好處和樂趣。

從職場退休後，我生命的另一個嶄新階段好像更忙了！

（參見彩圖 58-60）

我的自行車騎乘經驗談

　　談到騎車，我最常被人問到兩個問題，在此也跟大家聊聊我自己的體會。

一、年紀大了，騎車好嗎？會不會損傷膝蓋關節？

　　大家都知道，爬山或爬樓梯太多，可能會增加膝關節的荷重；打籃球或網球，需要用到膝關節做很多側向或斜向的動作；如果是跑步，膝關節則必須承受人的體重，以及觸地反彈的衝擊力。所以，運動必須小心，不宜過度，確保膝關節不受磨損。

　　但有些人誤以為，上了年紀之後，膝蓋關節最好少用，比較不會磨損。其實不然，關節的重點是需要有「關節液」來潤滑各個關節，使之能順滑地動作，才能強健耐用。但是，關節液只會在關節承受某一程度的壓力才會產生，因此在各項運動中，**騎自行車其實是膝關節保健最理想的運動**。

　　不過，為什麼會聽到有人說，騎車時膝蓋和大腿很用力，騎久了會感覺痠痛，甚至抽筋呢？其實，這完全是車子尺寸不合，以及姿勢不正確的問題。傳統上，大家都把自行車當作交通工具，都是騎輕快車或淑女車，而且往往一輛車多人

使用。此外，大部分人都會擔心碰到紅綠燈必須停車時重心會不穩，所以習慣性地把座椅降到最低，以便兩腳可以隨時踩到地；但如此一來，就不得不把膝蓋和大腿抬得很高來用力向下踩踏，完全不符合人體工學，踩久了當然覺得很吃力。

　　正確的自行車騎乘方式，不是由上而下用力「踩踏」，而是由前到後「旋轉」。選擇符合個人身材的車架尺寸，把座椅調到適當高度（雙腳旋轉到最低點時，膝蓋會微彎），以這種姿勢騎在平路，膝蓋和大小腿幾乎完全不必用力，藉著旋轉到某個速度所產生的慣性，就可以輕鬆快速地巡航前進；碰到爬坡時，則可以運用變速機，透過齒輪比的作用，慢速但省力地快轉。這種正向的旋轉完全符合人體膝關節的活動構造和原理，給膝關節適當的運動，但不會磨耗。像我環島可以每天騎一百公里以上，連續九天，也不會覺得膝蓋或大小腿有任何不適，就是這個道理。

二、如果有下背痛的問題，醫生好像不建議騎自行車？

　　據美國的統計，60% 的成年人或多或少都身受下背痛之苦。臺灣可能沒有這麼嚴重，但至少也有三分之一的人有這樣的困擾，我就是其中一個。

因為久坐辦公室、長途開車，以及動輒十幾個小時的長程飛行，我四十幾歲就有骨刺，時而左腳痠，時而右腳痛，變幻莫測。後來逐漸惡化，演變成椎間盤凸出，白天無法彎腰，要綁著護腰帶才能走動工作；晚上躺在床上，也是什麼姿勢都會痛。嚴重時，腳底如針刺，連斑馬線都走不過去。

　　看了很多醫生，請教病因。醫生說：「運動不足，姿勢不良。」我問道：「要做什麼運動？可以騎自行車嗎？」醫生說：「不行！不能做會動到腰的運動。（有什麼運動不用到腰的？）可以來醫院做復健運動，不過坦白說，效果有限。」我再問：「那要怎麼辦？」醫生說：「最後兩條路，開刀，或長期吃止痛藥，終身與它和平共存。」

　　2008 年，身為 A-Team 的會長，我決定率領會員騎自行車環島。日期訂在 10 月，我 1 月就去醫院開刀切除椎間盤凸出的部分。手術非常成功，原來的疼痛完全解除了，我非常高興。不料，到了 9 月又復發了！我去請教替我開刀的醫生朋友是怎麼回事，他笑著對我說：「不好意思，忘了跟你提，這種手術本身是沒問題，但因為你本來的致病原因並沒有消除，所以因人而異，平均會有 42% 的復發率。不過沒關係，如果痛得厲害，可以安排時間，我幫你再開一次刀。」我心想：「免了吧！」

　　10 月份，我騎著彎把的公路跑車，展開為期十天的環

島。我記得醫生的話,不敢彎腰,綁著護腰帶,上身挺直地騎。前三天非常疼痛,只好吃止痛藥,咬緊牙關,硬撐過去;到了第四天,腰部皮膚都發紅過敏了,很不舒服,我乾脆脫掉護腰帶,把身體像貓一樣拱起來,握著下把手來騎。結果意外發現,用這個正常騎彎把公路車的姿勢,居然腰椎就自然拉開,完全不痛了,只是不騎車和晚上睡覺的時候,疼痛依舊,但我也發現,後面幾天疼痛感明顯降低了。就這樣,我順利完成生平第一次的環島長途騎行。

環島後,我對騎車產生濃厚興趣,剛好我太太也開始騎,我們就一起進行每週三次、每次六十公里的騎行。過了三個月,我的腰痛居然減輕很多。好奇之下,我找了很多脊椎解剖相關資料,自己認真研究,才了解這裡頭的道理和奧祕。

神造人類的脊椎構造是很神奇的。脊椎分很多節,一節一節中間隔著一個軟墊,就是所謂的椎間盤,神經叢從脊椎孔穿過,形成中樞神經系統。脊椎的連結完全靠緊密包覆的深層肌腱(豎脊肌)來把它定位,而年輕時,豎脊肌很強健,人的姿勢就很挺;隨著年紀漸大,因為缺乏運動,以及坐或站的不良姿勢習慣,豎脊肌開始弱化,脊椎於是產生位移,迫使椎間盤壓迫到神經,造成疼痛。

一般的運動,例如跑步、打球、重量訓練等,能夠強化筋骨肌肉,但無法鍛鍊到深層肌腱的豎脊肌;游泳和瑜伽可

以，強度卻不夠。**唯一可以鍛鍊豎脊肌的方法，就是騎彎把公路車**，像貓一樣拱起身體，脊椎拉伸沒有負擔；而下肢核心肌群的推拉運動，和上肢雙手拉住把手的反作用力，緩和而持續地把豎脊肌一拉一伸，如果騎三十公里，就大約拉伸了一萬次，在腰椎沒負荷、不疼痛的狀況下，達到了鍛鍊和強化的目的。

有了這個發現，我更認真地騎車鍛鍊了；一年之後，腰背已經完全不痛了。過了十年，來到七十多歲的我，腰背依然很強健，幫女士提大件的重行李也沒問題，尤其難得的是，十年前起床會腰痠背痛，現在反而完全不會了。

幾個同事和朋友也有類似的問題，聽我的建議、用我的方法之後，效果也都很好。更有趣的是，開刀滿兩年後回診，醫生看了我的 X 光片，嚇了一跳，說完全沒問題了；之後，我的醫生也開始騎自行車了。

如果你也有這樣的問題，不妨試試。但重要的是找一家好的自行車店，**找到適合你的車、選對車架尺寸，並且必須進行量身適配，確保姿勢正確**才有用。如果對出外進行道路騎乘有疑慮，挑好車子後，順便買個後輪的訓練臺，就可以風雨無阻地隨時在家裡安全地騎乘、鍛鍊了。

Chapter 8
以全世界為舞臺
臺灣人才的自處之道

只看臺灣，你當然只是小地方的人才之一；只著眼兩岸，你
要面對數以億計的對手；如果以全世界為舞臺，沒有人比你
厲害！

　　臺灣有文字記載大約有四百六十年歷史。在全球大航海時
代，先被葡萄牙人發現，十分驚豔，稱之為「福爾摩沙」，
指「美麗」之意。後來在 1624 年被荷蘭人奪占，統治臺灣
三十八年，現在仍看得見當時留下來的熱蘭遮城遺跡。1662
年鄭成功趕走荷蘭人，進入「明鄭時期」，統治臺灣二十二
年。1683 年鄭氏降清，進入臺灣的「清治時代」，長達兩
百一十二年之久。1895 年，滿清在甲午之戰中戰敗，簽訂
了馬關條約，把臺灣割讓給日本，從此進入五十年的「日據
時代」。1945 年二戰結束，日本無條件投降，臺灣歸還給
中華民國。

1949 年，中華民國政府遷臺，以大陸遷來的資源、工業、人才和技術，在美援的協助下，開始積極耕耘臺灣。十大建設奠定臺灣的經濟基礎，並搭上全球貿易化的潮流，快速發展外貿，成為亞洲四小龍之首，為全球化的重要角色之一。兩岸解嚴之後，臺商積極前進大陸，協助大陸工業升級，相輔相成，帶動外銷，對大陸的改革開放發揮關鍵性的重要影響。在此同時，政治上通過普選制度政黨輪替，逐步建立了自由民主、國強民富的現代化國家。

　　回顧以上歷史，臺灣可以說是多災多難，每當政權轉移，更是無可避免地發生許多悲情迫害的慘劇和遺憾。

　　但是今天，**如果站在全球的高度及歷史長流的角度來客觀思考，過去數百年的變化、苦難和考驗，也造就了臺灣今日多元文化、種族融合，以及臺灣人謙卑肯學、腰軟能忍、敢拚耐操、勇於揚帆四海的性格。**

　　歷代的資源、建設、文化、人才、教育、訓練、技術、企業，更給予臺灣足夠的基礎和底氣，能在逆境中成長茁壯到今天的地位。

　　試想，如果沒有過去的一切，臺灣作為一個地處邊陲的島嶼，很有可能會像鄰國菲律賓一樣吧！每想至此，感恩之心油然而生，感謝上帝把這些苦難和試煉化成祝福，賜給臺灣！

📡 臺灣可以作為世界總部？

捷安特從臺灣開始，一步一步、胼手胝足，千辛萬苦地建立了世界的品牌。

這過程中最困難的，莫過於我們是來自臺灣的品牌。

今天全世界的名牌大多來自歐洲各國、美國或日本，臺灣過去從來沒有出現過什麼世界性的品牌，所以講到臺灣，它的形象就是代工外銷、物美價廉而已。

而因為特殊的政治關係，全世界也不承認臺灣是一個國家。其他國家有很多人不知道臺灣在哪裡，甚至誤以為臺灣（Taiwan）是泰國（Thailand）！

雖然我們靠著長期專業的努力，突破種種困難，建立了世界的捷安特，但我們知道，雖然他們不便開口，但我們全球各分公司總經理的內心深處都希望：如果我們是美國或歐洲的品牌，該有多好！

2000 年，當捷安特真正開始進軍高級市場的時候，這種雜音就愈來愈多了。我和標哥商量、取得共識後，決定必須做個了斷了。在當年度於巨大舉行的全球經營會議上，我出乎他們預料地臨時宣布，該次會議只有一個主題：「捷安特要不要考慮遷移品牌總部？如果要，應該遷去哪一個國家和城市？」我同時表示，標哥和我都不參與討論，而會議的任

何最終決定，我們都會尊重，並照案執行。

　　所有總經理喜出望外，興高采烈地從上午九點開始討論，直到下午五點才請我們回到會議室，向我們報告他們的結論：「也許會出乎你們兩位的意料也不一定，但我們最後的決議是『臺灣』。」

　　我頗為詫異地請教理由何在，他們說：「如果設在美國，以美國為主，歐洲絕對反對；如果設在歐洲，由歐洲帶頭，美國堅決不接受。爭執半天，無法妥協。後來一想，這麼久以來，總部放在臺灣好像也很不錯。臺灣人都很謙卑，姿態不會那麼高，善於聆聽各方意見，也會根據各國的實情和需求來配合調整，加上技術研發和生產製造中心也都在臺灣，能夠快速反應，所以考慮再三，我們最後還是覺得臺灣最合適！」

　　因此，我們就繼續以臺灣為總部，領導全球的公司，繼續推動我們的世界品牌。時至今日，大家都知道 GIANT 和 Liv 是世界級的名牌，也就沒有人介意我們來自臺灣了。

　　2020 年，我們在臺中設立了新的全球總部，以及全球首創的「自行車文化探索館」，成為新的里程碑，並成為全世界凡對自行車有興趣的人來臺灣必定會來「朝聖」的重要標的物。（參見彩圖 61）

🔗 打破「臺灣很小」的迷思

有些媒體常常唱衰臺灣，說臺灣地方小，可用面積有限，人口只有兩千三百萬，又沒有什麼天然資源，市場又小，如何和別人相比？臺灣是沒有前途的。

我從來不這樣想，我一直認為臺灣是很棒的地方。

我們來看一些來自世界性組織的可靠數據。

在全球兩百三十五個國家中，臺灣的世界排名如下：

土地面積：第 137 名

人口數量：第 57 名

經濟量體：第 21 名

總競爭力：第 11 名

創新能力：第 4 名（僅次於德國、美國、瑞士）

看了上面的數據，還有人會覺得臺灣小嗎？

臺灣沒有競爭力嗎？臺灣沒有前途嗎？

「小美快樂」的臺灣

在我的心目中，臺灣是個「小、美、快、樂」的地方。

「小」：臺灣小，但小其實是個很大的優點，小才能精耕。今天全臺灣島的高速公路四通八達，高鐵把西海岸連成了一日生活圈，甚至以後進一步可串連東海岸，成爲兩日生活圈；電信和網路覆蓋全臺各地，環保、水利、電力、海空交通、醫療、教育、城鄉建設等都與時俱進；全民健保在全球名列前茅，而在 2020 年的新冠疫情中，臺灣防疫表現特優，也多少要歸功於臺灣的小。

「美」：臺灣中間有縱貫的高大山脈，四周環繞著臺灣海峽、巴士海峽和太平洋，雨水和陽光充足，山林翠綠，是個美麗的寶島；建築設計日新月異，環境衛生水準不斷提升；各地方特有的景觀、文化和美食，加上臺灣人的熱情友善，魅力十足。開車太快、走路太慢，如果你參加自行車環島一周，才能眞正深入體會臺灣之美。

「快」：伴著小而來的，就是快和彈性。便利的交通使人們能快速移動；便利商店和速食，遍布全臺各地；新的趨勢和流行傳播快速，電信 5G 和其他設施的布建和推動能迅速進行；全民普選的民主體制也迅速演進。總之，「快」是臺灣最大的優勢和競爭力。

「樂」：除了經濟發展和競爭力之外，對一個國家的評價，「快樂、幸福」變成愈來愈受重視的指標。與世界上許多地方的戰亂、種族歧視、治安問題、公衛不佳比較起來，

臺灣的民主、自由、平等、安全、健康、教育，以及安和樂
利的社會，讓臺灣人的幸福指數年年攀升。

　　我常被中外媒體問到：「你全球經營四十幾年，如果有選
擇的話，在全世界各個地方，你會選擇住在哪裡？」
　　我的答案一向都是「臺灣」。
　　他們會接著問：「爲什麼？」
　　我的答案是：因爲臺灣「小」「美」「快」「樂」。

臺灣應有的處世之道

謙卑不自卑

　　前面說了臺灣「小美快樂」，有這麼多的優點，而且臺灣
在全世界國家的各種排名中，都有很不錯的評價，所以我們
絕對沒有自卑的理由，更沒有活在過去歷史的悲情之中的道
理。

　　謙卑是美德，也應該是臺灣的長處。臺灣因爲小，當然必
須了解「大事小以仁，小事大以智」的名訓。**如何謙卑地與
人爲善、利他共好，才是臺灣應有的處世之道。**

自信不自大

在全世界二戰後重建復興的這場大賽局中，臺灣表現可圈可點，在官民共同努力之下，生產製造、貿易發展、科技進步，成為全球舉足輕重的經濟體，以及在國際上活躍的角色。

另一方面，民主自由政治的和平演進、安全發展，以及全民教育普及、國民健康福祉的進步，都是令人羨慕的成就，足以讓我們自我肯定，產生堅定的自信，繼續向前邁步。

不過我們必須注意，**自信但不能自大**。若是過分自滿，就會驕傲而不思繼續進步，很快就會被別人追過；若是太過自大，忘了自己是誰，沒有了謙虛的態度、姿態和智慧，引起紛爭、與人結怨，都會使臺灣失去原有的優勢，而踏入危險之境。

🔗 丟掉競爭強迫症，思考戰略定位

臺灣本身市場不大，是外貿型的經濟體，隨時面對各方來的競爭，〈愛拚才會贏〉這首歌唱出了過去半世紀一卡皮箱打天下、創造經濟奇蹟的臺灣人心聲。

即使到了今天，臺灣的經貿發展已經有穩定的基礎，經濟

體也大到某個規模，但只要一有媒體特別報導，說臺灣在某方面競爭不過韓國或中國，立刻就會觸動臺灣官商和輿論的敏感神經。有某雜誌發表專文說，臺灣大學生的競爭力已經比不上中國的大學生，立刻引起臺灣全民的恐慌和焦慮。

換言之，我們可以說，臺灣在過去激烈競爭的環境中成長茁壯，固然培養了堅強的鬥志、練就了一身好功夫，但在不知不覺中，也出現一種後遺症：**競爭強迫症**。

但若是靜下心來想一想，臺灣的經濟奇蹟，除了我們自己的努力之外，也受惠於很多外在的環境和機遇。試想，假如中國沒有因為三十年的鐵幕時期而把自己隔絕於國際市場之外，臺灣還有機會成為「亞洲四小龍」嗎？

而現在中國終於完全開放了，各種成本遠較臺灣為低，物美價廉，大量生產鞋子、衣服、玩具、自行車、日用品、電子用品等，臺灣能和中國競爭嗎？過去並不是我們特別厲害，而是占了天時、地利、人和的先機，才能創造所謂的「奇蹟」。

未來，臺灣不但必須面對有十四億人口的「中國虎」，還要應對跟隨臺灣腳步緊追在後、比中國成本更低、有六億人口的「東南亞群狼」；而在稍遠的未來，更有一頭不知幾時會發足狂奔、擁有十二億人口的「印度象」。

「未來不只是過去的延伸。」

臺灣還能只抱著過去的成就，捨不得放下，而抵死地拚命競爭嗎？

本書一再強調「黃金正三角形」——經營管理分為「戰略」「戰術」「戰鬥」三個層次，**首先必須確定正確的戰略，再根據戰略展開戰術，然後依照戰術進行戰鬥，千萬不可本末倒置，倒過來的三角形是不可能持久穩立的。**

目前，政府和民間最關心的，似乎是外貿統計的景氣紅藍綠燈號、股市指數，以及社會上的大小新聞等「戰鬥層面」的指標。

而政府部門也不斷持續精心規畫內容完整、包山包海、後顧前瞻、面面俱到、口號動人、耗資億兆、勞師動眾的各項重大而全盤的「戰術計畫」。

但是，臺灣最重要的「定位」和「戰略」呢？

臺灣今天不能只關心「表面的競爭」和「兩岸的關係」，是不是應該認真地、客觀地，**以「全球的高度」和「長遠歷史發展的角度」**，來徹底了解過去、深入現在、策畫未來，為臺灣找出一個能生存、能永續發展的正確而具體的「戰略定位」呢？

而究其根本，一個國家能依賴什麼來永續生存和發展？其實是取決於它能「為這個世界貢獻什麼」。

今天，講到高級汽車，大家會想到德國。

講到高級鐘表，大家會想到瑞士。

講到流行時尚，大家會想到法國。

講到資訊科技，大家會想到美國。

講到電玩精機，大家會想到日本。

會有這樣的結果，其實是因為各國都以各自人民個性長處的不同、文化的差異、環境的不同、工藝發展沿革的不同，自然形成了某種「戰略目標」，創造了獨特的優勢，在個別領域裡為人類做出了長期重大的貢獻，才會取得大家的信任、喜愛和認同。

臺灣現代化歷史短，政治背景又十分特殊，所以無法像上述諸國一般，用數百年的時間自然演進。但這半世紀以來，臺灣畢竟也累積了不少成敗的寶貴經驗。

期待我們這一代臺灣人能共同發揮智慧，為臺灣找出一個可以生存、永續，又能為世界做出貢獻的戰略目標和藍圖，引領臺灣航向更好的未來。

不做第一，要做唯一

臺灣的企業，大如高科技的台積電，小如傳統產業的捷安特，都有一個相似點，就是**不以追求第一或最大為目標，而是以世界為舞臺，堅持自己的信念，發展自己的人才和技術，開創自己獨特的經營模式，要做唯一。**

我們選擇自己的戰場，創造獨特的藍海，鍥而不捨、精益求精，以「為全世界人類做出貢獻」為使命，而不斷努力。

臺灣也應如此，**不要只狹隘地著眼在兩岸或亞洲，要以全世界為舞臺，為人類做出貢獻**。不求第一，要做唯一，並且謙卑不自卑、自信不自大，勇敢地做自己，打造臺灣成為世人羨慕的自由、和平、興盛、快樂、幸福之島，做世界的好公民。

臺灣的人才「很可能」是最優秀的

在捷安特全球在地化的過程中，我有機會長期與世界各國的巨大人共事，成為朋友，深入觀察每個國家的文化、社會狀況，以及各國人的個性、能力和行事風格。

三十幾年前，臺灣的教育水平不高，加上同事大多來自臺中大甲附近的鄉下，能力和經驗大多局限於製造技術和管理，對產品、市場的知識和了解很有限，又有語言上的先天弱點，所以當時，我們仰仗先進市場分公司的夥伴，做市場和產品的相關策畫與決策。

二十年前，我們的產品開發工程技術已經進步到相當程度了，但工業設計的水準不行，做出來的產品總是像一部機器，於是聘請了歐美的設計師來幫忙執刀。

十五年前，我們雖然已經成為世界品牌，但整個集團對品牌定位行銷還是有樣學樣、一知半解，於是請了世界知名的英國顧問公司「Interbrand」來指導。

十年前，我們產品的工業設計水準不錯了，但在美學的呈現上仍顯不足，又物色了國外的美學專家來承包協助。

時至今日，經過四十多年的淬鍊，我們的臺灣總部以臺灣同事為主、海外同事為輔，已經可以完全主導進行所有的經營價值鏈，從研發、創新、技術、製造、產品工業及美學設計、品牌、行銷，都已具世界一流的實力。

而多年來，臺灣的教育和社會生活的演進，和當年已經不可同日而語，培育出許多有內涵、有實力、有創意、有專業知識的年輕人，也創建了許多專業的公司和專才。

巨大集團在臺中具有國際水準的新全球總部令人驚豔，而許多新進的優秀年輕人才更加令人興奮不已。臺灣，累積了半世紀的經驗、智慧和能量，現在才要開始展翅高飛呢！

世界各國依各地國情和產業社會發展，各有不同領域的優秀人才，而且在他們本國的戰場上占有相當程度的優勢。美國人才眾多，但主要都在美國發展；中國的人才也快速興起，但也主要在中國發揮。

在全世界的市場裡，西方各國人才國際化程度最高的，是荷蘭和瑞士，亞洲最高的則是臺灣。

然而，荷蘭和瑞士人能發揮的主要場域，主要還是以西方世界爲主；臺灣的人才已經占了華語的優勢，英文水準也不錯，對日本文化有深入的體會，又可以很容易、很自然地與世界各國各種族的人愉快溝通相處，是最優秀的國際化人才。

　　因此，每次被問到有關世界人才比較的問題時，我最近常用的答案是：

　　臺灣的人才「很有可能」是全世界最優秀的！

　　偶爾聽到「臺灣的年輕人比不過……」的言論，我都會非常不以爲然。

　　如果只看臺灣，你當然只是小地方的人才之一。

　　如果只著眼兩岸，你要面對數以億計的對手。

　　但如果以全世界爲舞臺，沒有人比你厲害！

　　希望臺灣的年輕朋友可以謙卑不自卑、自信不自大，放眼全世界，盡情翱翔，貢獻自己的能力和熱情，讓這個世界變得更好！

Chapter 9
兩岸之間的黃金正三角

兩岸之間看似問題層出不窮,其實大多屬於戰鬥層面,只有很小部分是戰術層面;而真正令人遺憾的是,兩岸都忘記了「戰略」考量的重要性。

自從中華民國政府遷臺之後,兩岸的關係經歷了好幾個階段。

兩岸互動模式的演變

勢不兩立的敵對階段

金門炮戰之後,兩岸雖然不再有軍事行動,但仍明顯存在強烈的意識形態鬥爭,並維持敵對狀態。臺灣要「反攻大陸」,陸方要「解放臺灣」,但因種種主客觀因素,兩岸一

直處於和平的局面之下。

在這個「倒三角形」的階段（如圖9-1），兩岸都沒有什麼戰略，只有戰鬥的相峙和戰術的口號而已。

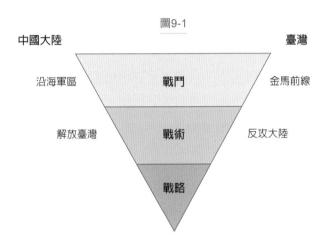

圖9-1

中國大陸　　　　　　　　　　　　　　　臺灣

沿海軍區	戰鬥	金馬前線
解放臺灣	戰術	反攻大陸
	戰略	

耕耘建設臺灣

蔣經國主政的時候，是「正三角形」階段（如圖 9-2），訂定了把臺灣建設成「三民主義模範省」的基本戰略，並務實地推動十大建設，帶動工業內需，並全面推動國際貿易，勵精圖治，創造了臺灣的經濟奇蹟，成為「亞洲四小龍」之首。之後又宣布解嚴，允許老兵回大陸返鄉探親，開啓了兩岸百姓之間的互動和交流。

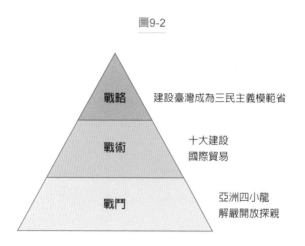

圖9-2

戰略　建設臺灣成為三民主義模範省

戰術　十大建設
　　　國際貿易

戰鬥　亞洲四小龍
　　　解嚴開放探親

中國改革開放

中國經過「文化大革命」和「紅衛兵」之後，由鄧小平主政，進入「正三角形」階段（如下頁圖9-3）。

他提出建立「有中國特色的社會主義市場經濟」理念，和「摸著石頭過河」「黑貓白貓，會抓老鼠就是好貓」「讓一部分人先富起來」等重要觀念和指示，把中國從計畫經濟的死胡同裡釋放出來，掀起了後面幾十年改革開放的滔天巨浪，也徹底改變了中國的方向和命運。

圖9-3

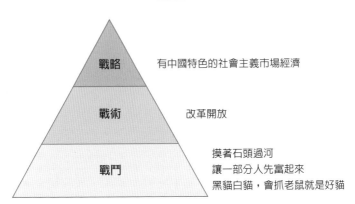

戰略　　有中國特色的社會主義市場經濟

戰術　　改革開放

戰鬥　　摸著石頭過河
　　　　讓一部分人先富起來
　　　　黑貓白貓，會抓老鼠就是好貓

兄弟聯手，賺天下的錢

中國改革開放初期，工業技術和管理落後世界水平很遠，必須吸收外資和技術，才能進行改造。但當時，外國人對中國的改革開放政策仍處於存疑觀望的階段。

只有臺灣，同文同種，不但有先進的生產技術和管理水平，更有豐富的財務和人才資源；此外，還可以直接把外資訂單帶進中國，立刻產生外銷實績和外匯收入。

因此，臺商成為中國招商引資的首選，各行各業的臺商也積極響應，出錢出力、遍地開花。改革開放的成功，臺商功不可沒。

在領導人的高瞻遠矚、善意互動下，兩岸共同進入「正三

角形」的新階段（如圖 9-4）。以「九二共識，一中各表」爲基礎，海峽兩岸經濟合作架構協議（ECFA）爲實務合作橋梁，兩岸的友善互動關係，達到了互惠互利、相輔相成的最高點。

兩岸兄弟聯手，賺天下的錢！

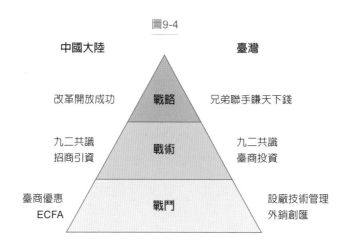

圖9-4

互不體諒，相敬如冰

兩岸民間的互信合作與日俱增，彼此之間的互動關係益發密切。

但在政治層面，卻因爲一些看似重要的小問題，使得兩岸之間產生很多誤解，互不體諒。結果是限制陸客觀光、停止

多項交流，使得本來密切互信、互動頻繁的友善關係大幅降溫，相敬如「冰」。

究其原因，西方世界的民主體制，以及政黨和選民的民主素養（選舉時各有不同主張，公平競爭，選後則尊重選民的選擇和選舉的結果；而所謂的各政黨主席，只是服務管理黨的一般事務而已，並沒有實權），是經過數百年以上的千錘百鍊才達成的，並沒有什麼捷徑可走。

臺灣的自由民主體制也是費了好幾十年的時間和九牛二虎之力，才好不容易推動的。臺灣的選舉剛開始完全是兩黨的惡性競爭，雙方為了爭取選票，不得不拿出臺獨牌、賣國牌、省籍牌、悲情牌，甚至走上街頭、暴力抗爭，其實都是選舉語言和操作。

記得第一次政黨輪替時，大家緊張得好像要亡國一樣；第二次政黨輪替，人民就冷靜多了，但選輸的政黨卻不論是非、不擇手段，杯葛政府的一切政策或法案。近年來經歷了第三次政黨輪替，才漸漸進入和平理性的狀態。

民主的發展，未來一定會愈來愈好，但距離成熟理性的真正民主素養，還有很長的路要走。此外，全盤接受西方式民主，不見得適合臺灣。假以時日，中華民國在臺灣一定會發展出真正適合中國人的「**有中國人特色的自由民主主義**」。

不過，對一黨專政、紀律嚴謹、文宣的用字遣詞都錙銖必

較的中國而言，可想而知，面對臺灣式的選舉主張、文宣和言論，真的很不習慣，難以理解和忍受，所以自然會希望或要求非講清楚、說明白不可。

而當臺灣政黨的某些言論毫無忌憚地踩到中國的底線時，中方不得不表明強硬的立場不可。但臺灣人的特性偏偏又是吃軟不吃硬，於是彼此就繼續不斷小題大作、火上添油，愈弄愈僵了。

而另一方面，中國的快速崛起和日益強盛，引起世界上其他國家的不安和抵制。因此，中國對外交事務的反應和處理，也不得不日趨強硬，維持立場。

臺灣夾在中間，左右為難，也使得兩岸更容易產生不必要的磨擦，甚至擦槍走火的可能性也不是沒有。

目前的兩岸關係，不幸地，又退回「倒三角形」的階段了。

看似各種問題層出不窮，其實都是屬於「戰鬥層面」居多，只有很小部分是「戰術層面」的；而真正令人遺憾的是，兩岸都完全忘記了「戰略」考量的重要性。

像這樣本末倒置，非但不能解決問題，甚至可能把兩岸問題推進一個「親者痛，仇者快」的險境裡。

🔗 兩岸習題，用黃金正三角來解

戰略是樹的根，戰術是枝葉，戰鬥是花果。

唯有根深柢固，才能開枝散葉、開花結果，成為健康茁壯的千年巨樹。

而兩岸的習題，也只有回歸**根本的戰略**，以全球人類發展的**高度**，以源遠流長五千年中華文化的**包容胸懷**，以「為世界和平幸福做出貢獻」的**格局**，以四海之內皆兄弟的**肚量**，兩岸雙方共同畫出一個「黃金正三角形」（如圖 9-5），才能找到正確的解答。

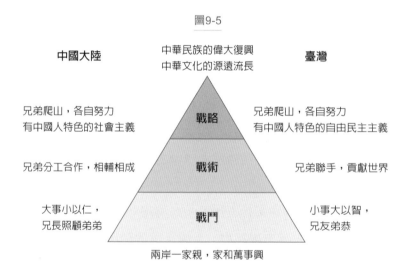

圖9-5

中國大陸　　中華民族的偉大復興　　臺灣
　　　　　　中華文化的源遠流長

兄弟爬山，各自努力　　　【戰略】　　兄弟爬山，各自努力
有中國人特色的社會主義　　　　　　有中國人特色的自由民主主義

兄弟分工合作，相輔相成　　【戰術】　　兄弟聯手，貢獻世界

大事小以仁，　　　　　　【戰鬥】　　小事大以智，
兄長照顧弟弟　　　　　　　　　　　兄友弟恭

兩岸一家親，家和萬事興

身為中國人，我覺得現在是我感到最光榮、最驕傲的時刻。

因為在全球的近代史裡，有兩個令人刮目相看的政治經濟奇蹟，都是由中國人創造的。

一個是中國，另外一個是臺灣。

中國在一百多年前，滿清帝制腐敗，民不聊生，人稱「東亞病夫」，任由世界列強蹂躪，八國聯軍入侵，割地賠款、喪權辱國。

後來孫中山先生經過十次革命，終於推翻滿清，建立了中華民國。

民國初建時，北洋軍閥割據，北伐統一戰事經年，元氣大傷。屋漏偏逢連夜雨，第二次世界大戰爆發，日本趁機侵華，經過千辛萬苦的八年對日抗戰，日本終於無條件投降，歸還臺灣。

1949 年，中華民國政府遷臺，大陸改由中華人民共和國治理。初期手段過分理想激進的「無產階級專政」「清算鬥爭」「人民公社」等政策，形成鎖國的「鐵幕時代」；之後的「文化大革命」和「紅衛兵」，更增添了不少災難。

正當全世界都看衰中國的時候，鄧小平高舉建設「有中國特色的社會主義市場經濟」大旗，勇敢踏出改革開放的腳步。短短四十年內，中國從「全世界的工廠」到「全世界的

市場」，建立了全球第二大經濟體，和平崛起，成為僅次於美國的超級強國。

另一方面，中華民國在臺灣，在蔣經國「三民主義模範省」「十項建設」「全球經貿」的領導下，七十幾年裡完成了「有中國人特色的自由民主主義」，締造了經濟奇蹟，成為小而強、小而美的代表，受世界尊重。

人類歷史上，只要是改朝換代或變法維新，通常都難免會有流血革命。而且，一種新的思想主義或相關的國家體制，通常要經過好幾百年才能驗證其優劣，但因為一個國家通常難容兩種體制，所以即使發現這種主義和體制有缺失，也無力改弦更張。

西方世界近數百年來如此強盛，除了工業革命的技術領先之外，法國大革命廢除帝制，以及美國從英法手中獨立出來，大膽試行自由民主體制，並不斷地去蕪存菁，日益完善，不僅使美國成為領導西方的超級強國，也影響了英國的君主立憲新民主政體和其他西方國家。但即使如此，時至今日，美國式民主仍有不少缺失，面臨許多新的挑戰，而在持續進化、深化中。

如今在由中國人治理的中國和臺灣，居然能同時試行兩種本質上大不相同的政治主義和治理體系，而且都獲得階段性的成功，這可是中國人之福啊！

試想，在未來幾百年，若能繼續**兄弟爬山，各自努力**，他山之石，可以攻錯，彼此借鏡、反省學習，總結經驗，綜合大家的智慧，一定可以透過和平、互利、互惠的方法，找出**最適合中國人的 Only One 思想和體制**，為國家帶來永續且和平安定的發展。然後，國強民富，百姓過著安和樂利、健康幸福的好日子，也成為被全世界敬愛的地球好公民。

　　這真是中華民族偉大復興，中華文化源遠流長，造福全世界的千載難逢的機遇啊！兩岸的中國人怎麼能不同心協力，共同完成這個偉大的使命呢？

　　用同理心，站在對方的立場去設想，就不難了解中國當局把「國家統一」視為他們這代人必須完成的責任；反之，也可以體會臺灣人民擔心害怕被納入中國的不同思想體制的不安。

　　真心去想，中國真的希望以武力攻打臺灣，中國人打中國人嗎？

　　就算打下來，拿下一個千瘡百孔、玉石俱焚的臺灣島，以及兩千多萬沒被打死、永遠仇恨中國的臺灣人，對中國和十四億善良的百姓有什麼意義？

　　另一方面，臺灣如果一意孤行，否認自己是中華民族的子孫，不是中國人，把歷史悠久、博大精深的五千年中華文化切斷，連根拔起，自絕於外，豈不是自廢武功、斷絕真氣

嗎？只憑著臺灣島四百年的海島歷史文化，能在廣大的世界立足嗎？

這樣做對兩千三百萬臺灣人民有什麼好處？有什麼意義？

其實，中國和臺灣是如假包換的真正親兄弟，都姓「中華」，父親是「中華民族」，母親是「中華文化」。

兄弟可以長得不一樣，抱負不同，思想不同，從事的行業不同，生活的方式不同，但無論如何，血濃於水，總是一家人。大家互相關心，互相照顧，互相幫助，彼此祝福，所謂「兩岸一家親」「家和萬事興」。

但是，如果兄弟裡的一個，不管是哪一個，堅持說他要「改姓」，不姓「中華」了、不認這個家了，中國的十四億人和臺灣的兩千三百萬人，都不會答應的。

兩岸之間的未來發展，是要意氣用事，**爭一時**呢？

還是要為了將來幾百年中華民族的偉大復興，**爭千秋**呢？

這個習題，在兩岸有智慧的百姓心裡，答案應該是很清楚的。

〈結語〉

畫出專屬於你的黃金正三角

　　本來大家都在期待，2020（愛你愛你），世界和平，經濟平順，奧運睽違六十年之後，將再度在日本東京盛大舉行。

　　突然之間，新型冠狀病毒爆發，迅速肆虐全球，造成前所未有的恐怖疫情，迫使世界各國紛紛鎖國封城，停止或限制旅行及一切人群密集的活動。航空業、旅遊業、旅館業、餐飲業、百貨商場、演藝活動等都應聲倒地，百業蕭條；人們居家辦公、學校停課、醫療系統瀕臨崩潰，全世界都陷入前所未有的恐慌中。

　　大家突然發現了大自然的威力，和人類生命的脆弱。

　　2020 將是全球人類深刻省思、永難忘懷的一年。

重新發現寶島的美

　　臺灣由於過去 SARS 的慘痛經驗，對公共衛生防疫工作下了很多苦功，建立了安全防疫網，因禍得福，得以及早發現疫情的嚴重性，並立刻超前部署，布下天羅地網，成功掌握全局。

　　與世界各國相比，臺灣防疫表現良好，人民的健康安全幸

運地獲得最大的保障。

臺灣本來每年的出國旅遊人次約有一千兩百萬，疫情爆發後不能出國，大家只好在島內偽出國、類出國，帶動了國內觀光旅遊的熱潮。

很多人生長在此，卻未曾好好看過臺灣，今年才意外發現，臺灣有這麼多美麗的、值得去的好地方！

也有許多旅居國外多年、因疫情返國暫居的臺灣人重新發現，現在的臺灣和世界其他國家相比，真是一個美麗、安全、幸福的「寶島」！

對自己有信心，跳出舒適圈

每年的畢業典禮，是大學生最引頸期盼的重要日子。

大家共聚一堂，畢業生依依不捨地和老師、同學拍照留念，嘉賓在畢業典禮上致詞，恭賀他們學成畢業，勉勵他們校外有無數機會等待他們去發揮、去開創。撥穗頒證後，畢業生把方帽子高拋向天空，快樂地邁向人生的嶄新階段。

不過，2020 年因為疫情防護的關係，絕大多數學校都改成舉辦「線上」畢業典禮，致詞的人仍說了一些安慰鼓勵的話，但畢業生和家長都感受不到喜悅，因為報章雜誌都在報導，這一年的畢業生是最不幸的一屆，由於疫情的影響，大多數學生「畢業就是失業」了。

我的小兒子，剛好也是 2020 年的大學畢業生。

請容許我，把送給兒子的一些話，轉送給你。

恭喜你身體健康、平安地畢業了！

不要讓人告訴你，你是最不幸的一代；相反地，我要恭喜你，在這個特別的時候從大學畢業了！

你大概聽過你的學長姊埋怨和嘆息，因為臺灣經濟起飛的時代，都是上一輩的人打拚出來的。那些黃金時代，機會滿天飛，有努力就有成就；不像現在，一切都平穩定型了，現在的年輕人沒什麼選擇，只能走上既定軌道，慢慢向前行了。

他們說的，不完全對，但也有幾分道理。

恭喜你！

因為新冠疫情，臺灣和全世界原有的生活形態、社會結構、發展節奏都被打亂，而要全面重新架構了。

這是很大的危機，更是絕好的轉機，向你迎面而來的是無數的創新機會，和充滿樂趣、令人興奮的新挑戰！

因為，臺灣第一次有機會能與全世界「同步」站在「嶄新」的共同起跑點上。

每個人都有自己的「舒適圈」，每個人也都喜歡舒適圈。

因為在舒適圈裡，你覺得習慣、安全、自在、沒有壓力。

每個人的舒適圈各有不同。有的人是喜歡待在家裡，有的人是喜歡玩電玩或掛在網上，或自己做喜歡做的事，有的人則是跟同溫層的朋友一起取暖、談是非。

　　一般人都害怕離開自己的舒適圈，因為那代表陌生的環境和人際關係、辛苦困難的挑戰、可能失敗的挫折，以及自己沒有信心單獨面對改變的恐懼。

　　不踏出現在的舒適圈，你就無法成長，你的人生也不會改變。

　　我鼓勵你立刻行動，踏出現有的舒適圈，勇敢迎向機會，接受挑戰。

　　經過真實人生的淬鍊之後，你會發展出一個更高、更好，真正屬於你應有的「新舒適圈」。

　　也許你認為你的學歷不高、能力不好、口才不佳、不特別聰明、沒有什麼才藝，長得也不怎麼樣，以後不會有什麼好前途。

　　請你對自己要有信心！

　　你想想看，上帝造人沒有一個是跟別人一樣的，在全世界七、八十億的人中間，居然沒有兩個人的指紋是完全一樣的，你不覺得很奇妙嗎。

　　你的父母生你也許是偶然，但是神造你絕非偶然。

祂對你一定有個很特別的計畫，而且也已經把完成這個計畫所需的特別才能的種子，放在你心中，等待你去把它開發出來、去使用它，完成你的命定。

不要羨慕別人，更不要自卑、失去自信。

跟隨你心中那個微小的聲音，用心找出你真正的天賦，做你自己，活出精采美好的生命！

不要急著隨便找一份工作，不要定睛於工作的難易或計較薪水的高低。

請你靜下心來，誠實地探索自己，認真思考。

親手畫出一個屬於你自己一個人的「黃金正三角形」。

然後，讓這個黃金正三角形帶你走上正確的人生道路。

「未來無法被預測，但是可以被創造。」

「把一件有意義的事，用全生命的力量做好，你就有可能改變這個世界。」

給你的兩個錦囊和一顆救命金丹

謝謝你耐心地看完這本書，希望你會喜歡。

最後，我想送你可以保你成功的「兩個錦囊」，和一顆「救命金丹」。

第一個錦囊

無論你從事什麼行業、不管職位高低，都要「**站在顧客的立場，徹底為顧客著想**」。

只要這樣做，顧客就會滿意，甚至感謝你和公司。

第二個錦囊

無論你從事什麼行業、不管職位高低，都要「**站在老闆的立場，徹底為公司著想**」。

只要這樣做，你自然就會體會和關切公司的品質、技術、產品、成本、服務、利潤、人才和團隊合作。

而老闆看在眼裡，你，就是他要培養重用的優秀人才。

救命金丹

我算是一個做事認真負責、意志堅強的人，自我鍛鍊、學習禪宗，相信人定勝天；即使碰到再大的困難，作為領導人，絕對「泰山崩於前而色不變」。

我母親和太太都是基督徒，但我一向認為老弱婦孺才需要信仰，我可以陪太太去教堂聽好聽的詩歌，但有約法三章，不要叫我信教。

經營捷安特，雖然遭遇過多次困難，也都憑藉堅毅的心

志，兵來將擋，水來土掩，一一克服，安全過關。

　　但在全球推出自有品牌時，經過十幾年的千辛萬苦，終於建立穩固的基礎，可以好好喘口氣休息一下的時候，突然發生金融海嘯，全球市場崩盤。我竭盡全力，也無法力挽狂瀾，心急如焚。

　　我擔心的其實並不是業務，而是想到這麼多人跟著我多年，萬一失敗，這些夥伴連同他們的家人、員工，會影響到幾十萬人的生計，怎麼辦？都是我一個人的責任！而當時剛好又有一些家庭的私事不是用經營管理這套可以解決的，在公私雙重的夾擊下，白天忙碌，晚上又無法入睡，身體健康出現許多狀況。

　　在同事和家人面前，我仍假作鎮靜，但我內心深處知道，再這樣下去，我要崩潰了，甚至也開始體會為什麼有些公司負責人，最後會選擇結束自己的生命。

　　一個禮拜天，我照例陪太太去我們結婚的路思義教堂做禮拜。我心不在焉地坐在教堂裡，那天證道牧師的講題是「二十四小時不打烊的急救站」。他說，神是永不休息、永不打烊的，如果有人有痛苦，可以隨時呼求神的幫助。不知為什麼，我突然覺得那天牧師是針對我在說話。

　　他並引述〈聖經‧馬太福音〉第十一章二十八節的內容：「凡勞苦擔重擔的人，可以到我這裡來，我就使你們得安

息。」

　　我雖然不是基督徒，但這個有名的金句還是聽過，只是過去我以為是人死了安息主懷的意思，不知道活人也可以用。

　　那晚，我因為實在太痛苦、太絕望，就在院子裡向著天，做了我第一次的禱告。我說：「今天牧師說，凡勞苦擔重擔的人，可以到你這裡來，你就使他們得安息。他又說我可以隨時找你，那麼我就不客氣了。我真的非常痛苦無助，快要崩潰了，我的問題，你是神一定都知道，我就不細說了，求給我個神蹟，讓我得安息吧。阿們！」

　　我等了整夜，原本以為會有什麼強光閃電顯現，結果什麼都沒有；第二天也是一樣，過了一個禮拜還是沒有什麼事情發生，一個月也沒有。我開始想，什麼得安息，只是牧師隨便說說來安人心吧！

　　過了三個月，依舊什麼都沒有發生。

　　但我突然注意到，自從禱告之後，三個月來，我白天努力工作，晚上倒都睡得很好，本來的焦慮竟然已經在不知不覺中消失了，這就是神蹟啊！

　　過了一年，困難的狀況都解除了。我仔細思考，到底發生了什麼事？然後才恍然大悟。

　　原來，我過去自大得完全以自己為中心，只仰仗自己的聰明和能力，一肩扛起所有重擔，並且認為自己要負所有的成

敗責任；但是，重擔總有超過我能負荷的一天，屆時，我就會被壓垮了。

而當我做完禱告，承認有這位全能的眞神，尊主爲大，把所有重擔都卸給祂之後，成敗責任改由神來負擔，我只是盡力把該做的事做好就可以了。

感謝讚美主！兩年後我就受洗了。

而且從那日之後直到現在，不管遭遇多大的困難和苦難，我都沒有再痛苦煩惱過！

祝福你們身心健康，凡事興盛，一切順利，喜樂平安。

希望你們永遠不會碰到像我這樣的問題。

但萬一，我說萬一，遇上的話，不妨試試服用這顆「救命金丹」：

「We do our best, God will do the rest!」（盡力做好自己該做的，剩下的就交給神！）

Eurasian Publishing Group
圓神出版事業機構
用心同你封對話・曠野無限寬廣

方智出版社
Fine Press

www.booklife.com.tw   reader@mail.eurasian.com.tw

生涯智庫 188

TAET：捷安特攻克全球市場的關鍵

作　　者／羅祥安
發 行 人／簡志忠
出 版 者／方智出版社股份有限公司
地　　址／臺北市南京東路四段50號6樓之1
電　　話／（02）2579-6600・2579-8800・2570-3939
傳　　真／（02）2579-0338・2577-3220・2570-3636
總 編 輯／陳秋月
副總編輯／賴良珠
主　　編／黃淑雲
專案企畫／賴真真
責任編輯／黃淑雲
校　　對／黃淑雲・溫芳蘭
美術編輯／金益健
行銷企畫／陳禹伶・黃惟儂
印務統籌／劉鳳剛・高榮祥
監　　印／高榮祥
排　　版／莊寶鈴
經 銷 商／叩應股份有限公司
郵撥帳號／ 18707239
法律顧問／圓神出版事業機構法律顧問　蕭雄淋律師
印　　刷／祥峰印刷廠
2021年1月・初版
2021年9月　6刷

經濟情勢正在改變，或許不是任何人能控制的，
但我們能透過學習成功所需的困難技能，來精心策畫應變方式。
——《超速學習》

◆ **很喜歡這本書，很想要分享**

圓神書活網線上提供團購優惠，
或洽讀者服務部 02-2579-6600。

◆ **美好生活的提案家，期待為您服務**

圓神書活網 www.Booklife.com.tw
非會員歡迎體驗優惠，會員獨享累計福利！

國家圖書館出版品預行編目資料

TAET：捷安特攻克全球市場的關鍵／羅祥安著. -- 初版. -- 臺北市：方智出
版社股份有限公司，2021.01
　　272 面；14.8×20.8公分 -- （生涯智庫；188）

　　ISBN 978-986-175-574-8（平裝）
　　1.捷安特公司 2.人事管理 3.人才
494.3　　　　　　　　　　　　　　　　　　　　　　　　109018134